青少年

安全

自护手册

苗 雨 编著

中国妇女出版社

图书在版编目（CIP）数据

青少年安全自护手册 ／ 苗雨编著．－－ 北京 ： 中国
妇女出版社，2021.1（2023.11重印）
ISBN 978-7-5127-1906-4

Ⅰ．①青… Ⅱ．①苗… Ⅲ．①安全教育－青少年读物
Ⅳ．①X956-49

中国版本图书馆CIP数据核字（2020）第188997号

青少年安全自护手册

作　　者：苗 雨 编著
责任编辑：应 莹 张 于
封面设计：季晨设计工作室
插图绘制：吴晓莉
责任印制：王卫东
出版发行：中国妇女出版社
地　　址：北京市东城区史家胡同甲24号　　邮政编码：100010
电　　话：（010）65133160（发行部）　　65133161（邮购）
网　　址：www.womenbooks.cn
法律顾问：北京市道可特律师事务所
经　　销：各地新华书店
印　　刷：北京中科印刷有限公司
开　　本：170×240　1/16
印　　张：14.5
字　　数：170千字
版　　次：2021年1月第1版
印　　次：2023年11月第5次
书　　号：ISBN 978-7-5127-1906-4
定　　价：49.80元

编者的话

习近平总书记强调，全社会都要关心少年儿童成长，支持少年儿童工作。对损害少年儿童权益、破坏少年儿童身心健康的言行，要坚决防止和依法打击。近年来，青少年安全事故频发，抓好青少年的安全教育显得尤为重要，社会、家长和学校都应加强对青少年的安全教育，提高他们的安全防范意识。

青少年对外界充满了好奇心和活力，喜欢探究各种未知，但是在他们周围也存在着各种隐患或不安全的事情。譬如，在学校的课间活动时，有的孩子喜欢和同学追逐打闹而受伤；在家使用电器时，有的孩子因使用方法不当而发生触电；在外出乘坐交通工具时，有的孩子因缺乏安全意识而发生交通事故……很多孩子因安全防范意识和社会实践经验的缺乏，应付各种异常情况的能力还有所欠缺。但仅仅依靠社会、学校、家长的保护是不够的，更重要的是增强孩子的安全保护的意识和自我防护的能力。

学习安全自护常识的目的是帮助孩子们养成良好的生活习惯，具备基本的安全意识，获得一些与生活实际密切相关的安全知识和技能，并能在日常生活中实践、维护自身及他人的安全，为孩子营造一个安全的生活和学习环境。

本书从居家生活、校园生活、出行安全、意外伤害、野外安全、自然灾害六大方面入手，用漫画故事的形式讲述了孩子们容易遇到的105种危险。通过分析危险要素，学习自救知识要点。学习结束时，孩子们可以利用每一篇结尾的互动题目"测测你的安全知识"，透过情景设定的模式来检验学习成果，几个选项分别按照安全意识的程度做了区别，"★"代表安全意识高，"☆"代表安全意识低。

记住"安全无小事"，从点滴小事抓起，让安全的种子牢牢地在孩子们的心里生根发芽！

目 录

第一章

居家生活无意外

第二章

校园生活无事故

· ·

第三章

出行安全要注意

第四章

意外伤害懂急救

第五章

野外游玩要小心

第六章

灾害出现会逃生

第一章

居家生活无意外

01.安全用电的注意事项

● **危险经历**

2014年暑假，中学生丽娜在同学晓媛家留宿。晚上，丽娜走进卫生间冲凉。没过多久，卫生间里传来"砰"的一声巨响，晓媛感觉事情不妙，进入卫生间后  被眼前的一幕吓呆了——丽娜倒在地上，嘴唇发紫。心急如焚的晓媛想到丽娜可能是触电了，赶紧将家里的电闸关了，并拨打急救电话。丽娜被送到医院后经抢救无效死亡。

● **安全预防小办法**

1. 严格按说明正确操作电热水器。建议烧好一桶热水后，切断电源再洗澡，因为普通电热水器的容积都在40升以上，足够一个人洗澡。

2. 洗澡时不要把电器带进浴室，如电吹风等。

3. 了解家里的电源总开关的位置，并向父母询问使用方法。这样，在紧急情况下，你就能切断家里的总电源了。

4. 千万不要用手或容易导电的物体去接触、试探电源插座内部。

● 这样做很危险

用湿手触摸电源开关

当用湿手触摸开关时，极易使水进入开关，破坏开关的绝缘性能，造成触电。不要用湿手去碰开关，触摸开关前用毛巾擦干手。

用湿布擦拭已经通电的家用电器

家电一般都不能用湿布擦拭，尤其是有控制面板的地方。要擦拭的话，必须断电后再擦拭，等到表面完全变干后才能通电。如果用干抹布，就不存在这样的问题了。

● 安全小备注

哪些东西导电？

生活中导电的东西很多。例如，几乎所有金属都会导电，不可以用镊子、剪刀、改锥等金属工具去修理带电的东西；人体、动物、水都能导电；竹、木、塑料、石头、墙、棉花、布等都不导电，但是如果湿了就会导电。

测测你的安全知识

当发现有人触电了，你该怎么办？

Ⓐ 立即用手将触电人拉开

Ⓑ 用干燥的木棍或其他绝缘物帮助触电者远离电源

安全意识指数：A.☆☆☆　　B.★★★

02. 电视的安全使用

● 危险经历

晚上9点，蔡斌和往常一样在客厅里看电视。突然，电视黑屏，散发出一股烧焦的味道。蔡斌马上走上前去查看，并赶紧关闭电源。电视关闭后，后盖仍然冒烟，并有扩大的现象。就在这个时候，电视机发出"砰"的一声，然后就起火了。随后，有毒的气体迅速蔓延，眼看灭火来不及了，蔡斌用毛巾捂住口鼻赶紧往屋外跑。

● 安全预防小办法

1. 不要长时间开着电视。看电视时间不宜过长，连续3～4小时后应关机一段时间，待机内热量散发后再继续收看。

2. 不要在电视上放太多太重的物品，以免影响散热。

3. 电视附近不要存放易燃易爆的液体或气体，以防电视放电打火，引燃易燃易爆的液体或气体。

4. 一旦起火，千万不可用水去浇，只能用干粉灭火器灭火（也可以使用沙子）。需要注意的是，灭火剂不要直接射向荧光屏，以免荧光屏受热后突然遇冷发生爆炸。

5. 如果电视出现异常情况，应立即关掉，并拔下电源插头，然后请专业人员检查修理。千万不能重新开机。

● 这样做很危险

雷雨天气看电视

遇到下雨打雷的天气，最好关掉电视，拔下电源插头和天线，防止电视受雷击被烧坏。尤其是电视使用室外天线接收信号时，必须将室外天线插头从电视机上拔下，并将室外天线接地，以防雷电损坏电视，甚至击伤、击死观看者。

使用遥控器直接关机

看完电视，最好拔掉电源插头。因为用遥控器直接关机后，并没有完全切断电源，仍然存在安全隐患。

● 安全小备注

加强室内通风，电视要放在通风良好的地方，以利散热。减少电视关闭次数，观看电视时保持距离。关电视时，不仅要关电视上的开关，还要把插头从插座上拔下来。

测测你的安全知识

如果电视冒烟起火，你该怎么办？

Ⓐ 用水浇灭

Ⓑ 用干粉灭火器灭火

安全意识指数：A.☆☆☆　B.★★★

03.微波炉的安全使用

● 危险经历

一天，小昱和妈妈坐在饭桌前一边聊着天，一边等着吃微波炉里烤着的南瓜。忽然，他们闻到一股焦味，回头一看，微波炉冒出浓烟。妈妈刚打开微波炉门，火焰立即蹿出来，都快到房顶了。小昱一阵心慌，关键时刻还是妈妈冷静，她迅速关掉电源，拿出家里存放的干粉灭火器灭火，终于将火扑灭了。家里却已经乱成一团。事发后，微波炉厂家技术人员经过相关鉴定指出，微波炉起火或爆炸主要是因为烤东西时设定的时间太长造成的。

● 安全预防小办法

1.袋装和瓶装食物要在开启后，才能放入微波炉专用容器内加热。

2.加热牛奶、豆浆等液体时应使用广口容器，这样热量容易散发，可降低容器内的压力，防止爆炸的发生。

3.金属容器（如不锈钢锅、碗等）不能放在微波炉内加热，否则很容易发生打火现象。

4.应避免使用镶有金、银花边的瓷制碗碟。

5.加热过程中容易产生有害物质的容器，如漆器等，应杜绝使用。

6.若遇炉内起火，切忌马上开门，应先关闭电源，待火熄灭后再开门。

7. 平时清洁微波炉时，要拔下插头，使用湿布与中性洗涤剂擦拭，千万不要冲洗。

● 这样做很危险

微波炉热鸡蛋

带壳的鸡蛋（类似的还有带密封包装的食品）不能直接放在微波炉内加热，否则容易引起爆裂飞溅，严重时可能溅出伤人。我们可以在放进微波炉之前用针或筷子将壳刺破，或者直接将鸡蛋打碎并搅拌均匀后再放入微波炉内。

微波炉加热肉类食品

用微波炉加热半熟的肉类，并不能保证把肉类中的细菌全部杀死，食用会影响身体健康。对于冰冻肉类食品，可以先在微波炉中解冻，然后采取其他加热方式做成熟食。

● 安全小备注

如何检验微波炉是否发生微波泄漏？准备两部手机，按照以下方法操作检验：关闭微波炉的开关，拔下电源插头；把一部手机放进微波炉内，然后关好前门；用另一部手机拨打微波炉内的手机。如果无法拨通，例如"手机号码不存在""不在服务区""已关机"等，则说明微波炉比较安全。如果微波炉内的手机有反应，例如，屏幕闪亮、响铃或震动，则说明微波炉存在微波泄漏。

测测你的安全知识

下列哪些容器可以放在微波炉内加热？

Ⓐ 不锈钢碗、铝碗

Ⓑ 微波炉专用器皿

安全意识指数：A.☆☆☆　B.★★★

04. 电器突然起火怎么办

● 危险经历

羽婷在家做功课，妈妈准备出去买菜，出门前生怕女儿一个人在家冷，就把取暖器插头插在插线板上。羽婷复习完功课休息时，隐约

听见"吱吱吱"的声音，仔细一看，原来是插着取暖器的插线板冒起了黑烟，还迸出了火花。眼看就要着火了，羽婷立刻跑到洗手间打了盆水准备灭火。幸好妈妈回来了，看到此情形赶紧拉住她，告诉她电器着火不能用水灭。妈妈先去把电源总闸关了。在电被掐断后，火一点儿一点儿地灭了。

● 安全预防小办法

1. 电器着火大多是因为超负荷用电造成的，长期超负荷用电会导致电器和线路发热，因此在家尽量不要同时开多个大功率电器。

2. 不要在一个插线板上同时插很多插头，以免插板温度过高而自燃。

3. 出门前要把家里的电器开关全部关闭。

4. 家里要常备灭火器。记住自家的灭火器放在什么位置。

5. 如果家中电器漏电，应使用绝缘体切断电源，起火时也应在切断电源后用干粉灭火器灭火。

6. 如果火不大，可以用家里的被子或衣服（干的）捂住着火的电器设

备，阻断氧气的供给，火自然就熄灭了。

7. 如果火越来越大，要立刻远离，到室外寻求帮助并迅速拨打119求救。

● 这样做很危险

电器着火用水灭

电器着火不能直接用水冲浇，这样做是非常危险的。因为水有导电性，进入电器后会降低电器的绝缘性能，很容易引发触电，一不小心就可能危及人身安全。

电脑着火后直接泼水

电脑着火很容易发生爆炸，这是因为电脑即使关机断电，元件仍然很热，极可能产生毒气，荧光屏、显像管很容易炸裂。因此，看到电脑冒烟或起火时，首先要拔掉电源插头或关闭电源开关。接下来千万不要向电脑泼水，否则温度骤降会引发爆炸。如果家中的电脑起火，可以用湿棉被将其盖住，一来能够阻止烟火蔓延，二来可挡住荧光屏炸裂产生的玻璃碎片。

● 安全小备注

电器着火可使用二氧化碳、四氯化碳、1211灭火器或干粉灭火器等灭火。千万不能用酸碱灭火器或泡沫灭火器，因其灭火剂是液体，有导电性，手持灭火器会触电，而且这种灭火剂会强烈腐蚀电器。使用灭火器时，必须与火源保持足够的安全距离。

测测你的安全知识

当家用电器着火时，你该怎么办？

Ⓐ 用水泼灭

Ⓑ 赶紧断电，然后用合适的灭火器灭火

安全意识指数：A.☆☆☆　　B.★★★

05.油锅起火怎么办

● 危险经历

中午，济杰和妈妈在厨房忙着做午饭。妈妈把食用油倒进锅内，对正在切菜的女儿说她要去上厕所，让她看着锅。没想到，短短几分钟油锅就着了火。济杰

慌乱之间接了一瓢水泼向油锅，锅里火花四溅，火势不减反增，火苗一下子蹿高。见情形不妙，她大喊妈妈，从厕所出来的妈妈冲进厨房，立即关掉煤气开关，盖上锅盖。火是灭了，但是厨房的墙壁和天花板都被烧黑了。

● 安全预防小办法

1.做饭时要做到"热锅不离人"，烹煮食物时不要中途离开，油热之后赶紧将食材下锅。如果必须离开，一定要将火关闭。

2.如果油锅开始冒烟，可将手边切好的蔬菜或生冷食物沿着锅边倒入，这样可以使锅里的温度迅速降低。

3.油炸食物时不要往锅里加过多油，避免油受热后溢出，遇灶火引起燃烧。油的加热时间不要过长，否则可能引起自燃。

4.如果火势不大，可以用锅盖或能盖住锅的大块湿布覆盖火苗，燃烧

着的油火会因氧气缺乏而很快熄灭。

● 这样做很危险

油锅着火后浇水

在厨房，浇水可能是第一个被想到的灭火方法。但是，水是万万不能用的。因为冷水遇到高温热油会"炸锅"，带油的火到处飞溅，很容易扩大火势，同时烫伤自己。切记，油锅起火20秒内是最佳的灭火时间，20秒之后就不能盲目地灭火了，火势不可控的时候赶紧拨打119报警。

● 安全小备注

油锅周围要经常清理，确保没有可燃物。这样，当油锅起火后，不会因为周围的易燃物导致火势扩大。

抽油烟机的积油要定期清理，长时间不清理会越积越多。在油锅着火的情况下，火苗上飘，进入烟道也容易发生火灾。

测测你的安全知识

油锅着火了，你该怎么办？

Ⓐ 盖上锅盖

Ⓑ 将手边切好的蔬菜或生冷食物沿锅边倒入

安全意识指数：A.★★★　B.★★★

06.水管漏水如何处理

● **危险经历**

　　一天中午，冠华一个人在家睡觉，突然被一阵敲门声惊醒。他刚准备下床穿鞋，却发现地板上全是水。"天哪！这是怎么回事？"等他打开门一看，发现是楼下的徐大爷。原来是自己家的水漏到楼下，徐大爷发现后马上来敲门了。徐大爷一进屋，立即把水管总阀门关上，接着和冠华一起查找漏水点，原来是洗漱台下面的软管破裂，造成水不停地往外流。随后，两人用笤帚、水桶等工具对积水进行处理，忙乎了1小时才把积水处理完毕。

● **安全预防小办法**

1. 了解厨房、卫生间水管阀门的位置，学习如何关闭阀门。

2. 平时不用水时，将水管的阀门拧紧，直到水不再流为止。

3. 如果水龙头一直滴水，未修理好时下面可以放置一些盛水的桶、盆等。

4. 如果可以找到一定长度的塑料管或胶皮管，可以用管子将水引向最近的地漏。

5. 水管发生漏水后，如果无法立即将阀门关闭，那么必须立即用抹布或较软的物体将漏水处堵住。

● 这样做很危险

拧下水龙头

在总阀门没关的情况下，如果水龙头坏了，千万不能拧下水龙头。一旦卸下来水龙头，水就会瞬间喷溅到整个房间，水的压力很大，再想把水龙头装上去那可是难上加难。

● 安全小备注

在检查漏水原因前，先看看电源是否关闭，因为水会导电，容易发生触电危险。找到漏水处后，如果漏点小，可以用一点儿铅块、铝铅丝或者合适的小木塞放在漏水的沙眼处，再用小锤砸实，这样就不会漏水了。如果漏水面积较大，可以考虑用橡胶带（如自行车内胎）或防水胶带缠在水管渗水处，随后用绳子或铁丝扎紧。这些都是简单的处理方法。如果想从根源上解决日常生活中水管漏水的问题，最好向物业或自来水公司的专业人员求助。

测测你的安全知识

如果家里的水管漏水，你该怎么办？

Ⓐ 关掉阀门

Ⓑ 不用管它

安全意识指数：A.★★★　　B.☆☆☆

07.在家如何预防煤气中毒

● 危险经历

    2011年11月10日上午，衢江区第四小学的姐弟俩没有来上课。老师立即打电话联系家长，但没有联系上，于是驱车赶往学生家敲门，却一直没有回应。几经周折，老师终于把门打开了，屋子里一股煤气味，母亲仰面躺着，姐弟俩蜷缩着躺在旁边。在众人的努力下，姐弟俩和妈妈被送到医院抢救。所幸的是，一家三口的命都保住了。医生说，3人属于一氧化碳中毒，如果再晚半小时送到医院，可能就抢救不过来了。

● 安全预防小办法

1. 房间通风很重要，越是封闭的环境，越容易煤气中毒。

2. 晚上睡觉前最好将煤炉搬到屋外，或者将炉火熄灭后入睡。

3. 遇有大风天气，尤其是在夜晚，一定要打开炉门让火充分燃烧，确保煤炉安全后再做其他事情，或者干脆将炉子灭掉。

4. 使用煤气炉时，随时检查连接煤气的橡皮管是否出现松脱、老化、破裂等现象，开关是否有异常。

5. 安装一氧化碳报警器，当出现煤气或液化气泄漏时，可以第一时间采取避险措施。

6. 雨、雪、雾等天气的气压较低，煤气难以顺利排出，应减少使用或提高警惕。

● 这样做很危险

炉边放盆冷水可以防止煤气中毒

这种方法其实是完全无效的。因为一氧化碳极难溶于水，在炉边放盆冷水并不能防止煤气中毒。

● 安全小备注

注意天然气热水器、天然气灶等正确的使用方法及保养说明，使用中随时注意是否处于完全燃烧的状态。使用天然气热水器时，不要密闭房间，要保持良好的通风，洗浴时间切勿过长。自动点火的煤气用具在一次未点燃成功时，不要急于第二次、第三次连续尝试，应稍等一会儿，让燃气散尽后再点火。

用木炭烧烤时，一定要注意室内通风良好。

不要躺在门窗紧闭、开着空调的汽车内睡觉，否则有可能因吸入含有大量一氧化碳的废气，引起中毒。

测测你的安全知识

当察觉煤气中毒时，你应该怎么办？

A 寻找原因

B 趁意识清醒赶紧离开

安全意识指数：A.☆☆☆　B.★★★

08.发现煤气泄漏怎么办

● 危险经历

奕芳闻到家中有股煤气味，感到有些头疼，告诉了妈妈。妈妈找了半天也没有找到原因所在，为此，睡觉前将家里的窗户开了道缝儿通风。晚上10点左右，母女俩都感觉特别困，于是上床睡觉了。父亲一回到家就闻到煤气味，发现情况不对后，他冲到床边分别拍打母女俩的脸，见她们有了点儿反应后，赶紧把她们都挪到屋外，随即打开所有的窗户。后来，经煤气公司检查，屋里的一处煤气管道出现了泄漏。如果早点儿发现就可以及时排除安全隐患。

● 安全预防小办法

1. 厨房等有煤气管道的地方，应经常打开窗户，保持空气流通。

2. 发生煤气泄漏时，应立即关闭燃气用具，闭合管道的开关、旋塞阀或球阀。

3. 用湿毛巾等捂住鼻子和嘴，可以避免因吸入煤气而引发不适。

4. 不要试图打开抽油烟机和排风扇排风换气，打开门窗最为安全。

5. 打电话报警时应切记远离煤气泄漏的地方，以免引起爆炸。

● 这样做很危险

煤气泄漏时开关电器

煤气泄漏时，不要打开和关闭任何电器（如电灯、电扇、排气扇、空调、电视、冰箱等），也不要开关电闸，否则有可能产生小火花，容易引起爆炸。同理，怀疑或发现煤气泄漏后应避免一切明火，必须绝对禁止一切能引起火花的行为，如抽烟、打火等，否则会引起爆炸。

● 安全小备注

当怀疑有煤气泄漏但浓度不高时，不要用明火检查。我们可以用肥皂（或者洗衣粉、洗涤剂等）加水制成液体，涂抹在怀疑的泄漏点（如燃具、胶管、旋塞阀、煤气表、球阀等的接口处）。如果发现有气泡鼓起，就说明是泄漏点。

测测你的安全知识

当发现煤气泄漏时，你应该怎么办？

Ⓐ 打开门窗通风

Ⓑ 打开抽油烟机和排风扇

安全意识指数：A.★★★　B.☆☆☆

09.吃饭时突然噎住怎么办

● 危险经历

这天，轩轩和妈妈一起去姥姥家。晚餐时，轩轩一边吃饭一边说着学校的事。突然，妈妈发现儿子反应异常，只见轩轩将

自己的手伸进嘴里，像是在掏什么东西，睁大眼睛说不出话来，着急得眼泪都要流下来了。一家人看到轩轩被噎着都急坏了，关键时刻，还是姥姥有办法，老人家连续拍了几下轩轩的后背，他终于咽下去了。

● 安全预防小办法

1.做饭时，食材一定要切得细一些、短一些，这样不仅好咀嚼，也便于吞咽。

2.吃饭要细嚼慢咽，不要着急，一口食物咽下之后再吃下一口，养成良好的进食习惯。

3.吃饭最好集中精力，尽量不要边吃饭边聊天。吃饭时也不要看电视，防止把全部精力放在电视上，发生噎住、呛到等问题。

4.吃早餐时，更应该留下充足的时间，千万不要狼吞虎咽抢时间。

5.如果吃饭经常被噎住，必须到医院进行检查。

● 这样做很危险

吃饭噎住后喝水冲下去

水有润滑的作用。如果被东西噎住了还能讲话，说明空气能通过嗓子，借助水将食物冲下去是可行的，但水不是万能的。被噎住后，食管和气管会发生间隙性互通，如果喝水的话，水很容易进入气管里而发生呛咳。特别是那些遇水容易膨胀的食品，噎住后喝水可能会加重食管的阻塞。

● 安全小备注

发生气道异物时，如果患者不能说话、咳嗽，呼吸比较困难，但神志清醒，可采取海姆立克急救法。急救者站在患者后面，脚成弓步状，前脚置于患者双脚间。双手环抱患者腰部，让患者弯腰，头向前倾。一手握拳，用大拇指对准患者的腹部正中线肚脐上方两横指处。一手紧握在握拳手上，将患者背部轻轻推向前，使患者处于前倾位，头部略低，嘴要张开，有利于呼吸道异物排出。两手用力向患者腹部的上部和内部挤压，每秒挤压一次，可连续5~6次，每次挤压动作要明显分开。重复以上手法直到异物排出。

测测你的安全知识

吃饭被噎住不能说话时，你该怎么办？

Ⓐ 喝水或汤，将食物冲下去

Ⓑ 让人帮忙拍拍背或去医院治疗

安全意识指数：A.☆☆☆　B.★★★

10.安全用药的基本常识

● 危险经历

小东马上就要中考了，为了考出理想的成绩，他每天给自己加码，一天只睡四五个小时。没过多久，他就因为过度疲劳感冒了。妈妈让小东吃点儿感冒药，小东误把奶奶的安眠药吃了下去。没过多久，妈妈发现小东躺在床上深度昏迷，怎么叫都叫不醒。妈妈赶紧把他送进医院。医生为小东洗了胃，所幸没有生命危险。医生告诫小东，用药安全不是儿戏，要按医嘱服药。

● 安全预防小办法

1. 对于未成年人来说，很多药物是慎用甚至禁用的。用药前应仔细阅读说明书，了解哪些是禁用药物，哪些是慎用药物。

2. 用药前，必须对药物的性状、适应证、禁忌证、不良反应等进行详细了解。

3. 尽量不要自行吃药，因为不一定"对症"，一定要在医生的指导、父母的同意下用药。

4. 除了用对药，用对药物剂量也非常重要。一般来说，未成年人要"酌减"，有些药物说明上标明了常见的判断标准，比如体重等，应根据说明提示用药。

5. 同时吃不同的药物可能会发生冲突，产生严重后果。因此，服用两种以上的药物前一定要检查配方、咨询医生。

● 这样做很危险

加大药剂量就可以增加治疗的效果

服药一定要严格按照药物说明书所规定的剂量，须在医生指导下根据体质、病情等酌情加量。有些药服用过量后会产生中毒等不良反应，尤其是那些有较大毒性或副作用的药物。而且，肠道对药物的吸收有一定限度，加大剂量并不一定能增加吸收量。正确的做法是遵医嘱或按照药物说明书用药。

● 安全小备注

当感到身体不舒服时，如何准确地描述自己的病情，以便医生和父母作出正确的判断？

描述主要症状（1~2个）和持续时间，持续时间最好精确到小时、天。这样可以帮助医生选择合理的药物，开出合理的处方。例如，咳嗽时间短，医生首先想到的是感冒；咳嗽时间长，则要考虑支气管炎、肺结核等。假如我们没有说清楚或者不耐烦地说几句，有可能会误导医生开错药方。因此，说清楚症状的发展和变化，有没有其他症状，已用过什么药，食欲如何，大小便怎样，对哪种药物过敏等，都是非常重要的。

测测你的安全知识

患病吃药时，需要注意哪些事项？

Ⓐ 查看药物使用说明

Ⓑ 加大剂量服药

安全意识指数： A.★★★　B.☆☆☆

11. 误服药物怎么办

● 危险经历

　　小刚发烧了，一个人待在家里休息。妈妈上班前再三嘱咐他别忘了吃药。他睡得迷迷糊糊时，想起妈妈的话，便起身倒了一杯水，打开放药的抽屉，拿起4粒药就往嘴里塞，吃完后又躺在床上睡起觉来。吃午饭的时候，他一站起来就晕倒了。回家给做午饭的妈妈见状吓坏了，赶紧将他送到医院。经检查发现，小刚的血压很低，属于低血压性昏迷，经过紧急救治才逐渐恢复清醒。原来，小刚吃的不是感冒药，而是爸爸的降压药。

● 安全预防小办法

　　1.家里保存药物时，最好将不同类型的药分开存放。例如，外用药和口服药分开，以免用错。

　　2.药物一定要放在对应的药瓶或药盒里，千万不能错放，造成标签和药物不一致。如果更换药瓶，记得同时更换标签，标签不对或没有标签都容易误服。

3. 认识一些常用药物，详细了解药物的名称、用途以及误服的危险性。

4. 用药前一定要仔细看包装和说明书，这样可以确保"吃对药"。同时，保存好药物的说明书，确保药物、包装和说明书齐全。

5. 千万不能把几种药物放在一起保存，不但容易混淆，还会影响药效。

● 这样做很危险

随便吃抗生素

抗生素是抗细菌等病原微生物的处方药，随便吃抗生素是非常危险的。首先，抗生素本身具有一定的毒性。其次，不同的抗生素针对不同的病原体，如果不对症，不但起不到治疗的作用，还会引起耐药性，妨碍日后用药。最后，常吃抗生素会降低机体自身的抵抗力。因此，抗生素不能乱吃。

● 安全小备注

一旦误服药物，一定要弄清楚误服的药物名称、服药时间和剂量。如果误服大量安眠药或其他毒性大的药物，应在最短的时间内催吐。例如，用筷子或汤匙压舌根引吐。如果误服有机磷农药，可以临时喝下肥皂水催吐解毒。如果过量服用维生素、健胃药等，可多喝水使过量的药从尿中排出。如果误服碘酒，可立即喝一些米汤、面汤等，这样可以保护胃黏膜，稀释碘酒的浓度。误服药物后最重要的是，立即前往医院急救。

测测你的安全知识

如果误服药物，应该怎么做？

Ⓐ 马上想办法催吐

Ⓑ 等有不良反应再去医院

安全意识指数：A.★★★　　B.☆☆☆

12.厨房中需要注意的安全问题

● 危险经历

暑假的一天中午，小露一个人在家，肚子饿得咕咕叫，想自己做饭。她在锅里放了水，然后开火，看水开了以后放入一袋方便面，5分钟后关火。就在她即将把面倒进碗里的时候，铁锅把手突然断了，一锅滚烫的方便面浇到了小露的双脚上，疼痛难忍的她赶紧给父母打电话。后来，经医院烧伤科诊断为二度烫伤，虽无性命之忧，却在双脚上留下了伤疤。

● 安全预防小办法

1.平时注意厨房物品的摆放，做饭前要检查各种厨具、调料、食材等是否放置妥当。

2.做饭前要习惯性地检查厨具是否完好，确保能正常使用。

3.切菜、切肉时，一定要全神贯注，不要因为其他事情而分神，防止切到手。

4.切完后一定要把刀具收好，不要把刀具放在案板的边缘，一旦掉下来有可能砍伤脚。

5. 端滚烫的碗或油锅时，记得戴上防烫手套。

6. 厨房的地板上如果有水、油等，一定要用干墩布拖干净，防止脚下打滑摔倒。

● 这样做很危险

一块案板什么都切

一块案板既切生鱼、生肉、蔬菜，又切熟食（如火腿肠等），甚至还切水果，非常不卫生。生肉携带很多种细菌和病毒，如果切熟食也用同一块案板，很容易沾染细菌和病毒，导致"病从口入"。因此，生食、熟食、水果等最好使用不同的案板，并且能够明显区分开来。每次使用后，案板都应刮净、清洗，木制案板还应在阳光下暴晒消毒。此外，刀也不应共用，切过生食的刀要用开水烫一下，以免被寄生虫污染。

● 安全小备注

如果手或脚被烫伤，应立即用冷水冲洗或浸泡，这样能降低烫伤皮肤表面的温度。如果被油烫伤，先在冷水中浸洗半小时。一般来说，浸泡时间越早，效果越好。但如果伤处已经起泡并有破口，则不可浸泡，以防感染。

做饭时如果划伤或切割到手，注意保护伤口清洁干爽，可以在伤口部位贴上创可贴。倘若不小心弄湿伤口，一定要擦干并换上新创可贴。如果出现红肿、化脓等症状，则须到医院就医。

测测你的安全知识

在厨房做饭时，哪种做法是正确的？

Ⓐ 边切菜边聊天

Ⓑ 切生食、熟食用不同的案板

安全意识指数：A.☆☆☆　B.★★★

13.突然停电了怎么办

● 危险经历

晚上8点，爸爸和妈妈出去遛弯儿了，雨竹在家中写作业。突然，眼前一片漆黑，她下意识地喊了一句"停电了"。手电筒在哪儿呢？雨竹去客厅找，结果被凳子绊了一跤。此时，她想起自己的房间里有一个手电筒。借助手表的夜光功能，她翻来找去终于找到了手电筒。雨竹走到阳台，从窗户向外看，开始思考：为什么停电了？是哪里在维修吗？为什么只有一栋楼停电？是不是跳闸了？就在这时，雨竹眼前一亮，原来是来电了。

● 安全预防小办法

1.如果家里用的是智能电表，平时要留意电表显示的余额，一旦出现红灯闪烁就表示家里快没电了，要提示父母及时买电，避免造成突然停电。

2.使用家电时，注意总功率大小，尤其是在夏天的晚上，一旦用电功率过大就可能发生跳闸断电。

3.如今停电发生率较低，但手电筒等仍然是家庭必需品。

4.平时把手机、手电筒、LED台灯等都充足电，以备停电时马上可以使用。

5.家里最好装有应急照明灯，这样一旦家里停电，应急照明灯就能发挥作用。

● 这样做很危险

家里停电了出门转转

如果遇到大范围停电，记住千万不要出门，更不要跑到大街上去，因为家里是最安全的。关闭停电时处于运转状态的家用电器（冰箱除外）。因为一旦来电，冲击电流可能引起瞬间跳闸，没有安装保险装置的有可能造成电器损坏。如果停电时电炉没有关闭，外出或半夜时分恢复供电，很容易引发火灾。

● 安全小备注

晚上突然停电时，把手机的手电筒打开照亮，然后去找手电筒或蜡烛照明。

要确定是不是跳闸，检查自家的总开关（自动开关）保险是否完好。如果不是自家的原因，观察一下其他楼层是否停电。例如，询问邻居家是否也停电了。如果查不出停电的原因，打电话给小区物业公司，请电工来维修。

如果在家突然停电，你该怎么办？

测测你的安全知识

Ⓐ 关掉除冰箱外的开启电源的电器

Ⓑ 出门看看

安全意识指数：A.★★★　B.☆☆☆

14.困在电梯中怎么办

● **危险经历**

中午12点左右，晓丽走进电梯，准备乘电梯回家。她家在五楼，不料电梯运行到三楼和四楼之间突然不动了。她按了一下按钮，电梯没有动静。她试着打电梯里的求助电话，发现电话坏了。她又按电梯里的呼救警铃，可一点儿声音也没有。无奈之下，她使劲儿地拍打电梯门，可是没有听到有人走来的脚步声。晓丽拼了命去用手扒电梯门，门却纹丝不动。她又从兜里拿出手机想给父母打电话，可拨了很多次都拨不出去，一看手机没有信号。她只好边喊"救命"边拍打电梯，坚持不到5分钟，晓丽的嗓子就又干又哑，体力开始大量消耗……最后，终于等到了救援人员。原来是二楼的住户听到她的声音，通知物业把她救了出来。

● **安全预防小办法**

1.关注停电信息，平时留意报纸、电视、楼道里贴的停电通知等。一旦知晓会停电，不要乘坐电梯。

2.发生火灾时，千万不要乘坐电梯。

3.进入电梯前留意观察，如果有异常情况（如轿厢与地面错位），千万不要使用电梯。

4. 乘坐电梯过程中, 若发现电梯速度与平时明显不一样, 或听到异常声响, 或闻到焦煳味, 或感到电梯震动不稳, 等等, 应尽快从电梯中出去。

● 这样做很危险

被困电梯后扒开电梯门出去

当电梯发生故障时, 困在电梯里的人无法确切地知道电梯所在的楼层位置, 盲目扒开电梯门, 会有坠入电梯井的危险。同时, 困在电梯里的人无法预测电梯什么时候开始运行, 万一刚出去时或正要出去时电梯突然启动, 就会发生被电梯夹伤、撞伤的危险。所以, 千万不要抱着侥幸的心理去尝试。

靠在电梯门上

电梯在运行过程中, 手扶或者身体靠在电梯门上, 如果没注意到电梯门开, 也可能发生掉进电梯井的事故。同时, 进出电梯时也要注意, 当我们打电话、和别人聊天或者看手机等时, 没准儿脚就会插进轿厢与电梯井的夹缝里, 发生危险。

● 安全小备注

被困在电梯里之后, 首先按下电梯内的紧急呼叫按钮。如果呼叫有回应, 等待救援即可。如果没有回应, 我们可以用手机报警求救, 不是在所有的电梯内手机都没有信号。假如前面两种方法都无法联系外界, 就只能大声呼喊, 辅以间歇性地拍打电梯门, 以引起他人的注意。

测测你的安全知识

当被困在电梯里时, 你该怎么办?

Ⓐ 扒门爬出

Ⓑ 尽快联系外界, 大声呼救

安全意识指数: A.☆☆☆   B.★★★

15.警惕电话诈骗

● 危险经历

一天，彬彬接到一个电话，一听是一个女人的声音，她说："您好！我是电信公司的，您家电话欠费，需要及时交费……"彬彬有些纳闷儿，以前通知交话费的都是用客服电话，还都是机器声音，这次

怎么换人工了？他仔细一看电话号码，竟然真的是中国电信的客服电话。想到网络上提及的诈骗电话，彬彬灵机一动，他认真地询问对方："我家电话号码是多少？欠费多少钱？上一次交费是什么时候？……"话没问完，对方就把电话挂断了。

● 安全预防小办法

1. 不要轻易相信电话询问，如果问题涉及公民的个人隐私信息，应在对方出具书面的具有法律意义的文书后才能提供。

2. 平时通过网络、报纸、电视等媒体多了解各种形式的骗术，这样在接到诈骗电话时，就不会轻易上当、信以为真了。

3. 不要轻易相信任何"天上掉馅饼"的事，只要提出掏钱、花钱、出

钱、汇钱，就得多留个心眼儿。

4. 哪怕只有一丝怀疑，都要通过各种途径确认。

5. 不要随便将自己的手机号码以及家里的电话号码告诉别人，例如，参与街头调查、网上注册、回答调查问卷。快递包裹单、旧手机等要妥当处理。

● 这样做很危险

来电号码是真的，就不会是诈骗电话

即使手机或座机显示号码确实是某单位或某人的号码，也不能百分之百确认不是诈骗电话。现在通过软件可以任意设置来电号码，显示的电话号码很可能是捆绑的虚拟电话。因此，不能仅凭号码或号码属实就放松对电话诈骗的警惕。

● 安全小备注

当我们接到交费、借钱或汇款之类涉及金钱的电话时，不要轻信，要先冷静下来，设法联系当事人或其他关系人确认。我们可以先挂断电话，主动出击，重新拨打电话（真实的号码）或其他关联电话予以核实。如果心存疑惑，就向对方提出问题，从对方的回答中寻找破绽，记住不要把关键信息透露出去。总之，一切小心为上，验证，验证，再验证；确认，确认，再确认。

测测你的安全知识

遇到电话诈骗时，你该怎么办？

Ⓐ 按照对方说的办

Ⓑ 回拨电话，确认是否真实

安全意识指数：A.☆☆☆　B.★★★

16.陌生人敲门如何应对

● 危险经历

　　周末的一天，陈希独自一人在家看书。突然，"咚、咚、咚"一阵敲门声响起，随后是一个陌生的声音："有人在家吗？"她走到门口，把木门打开一条缝，但没有

将防盗门打开，问："是谁呀？""你开下门吧，我是查水表的。"陈希从防盗门的猫眼向外看，一个陌生的成年男子等在外边。陈希记得每次查水表时来的都是一位阿姨，这次怎么变成一个男的了呢？她警惕地回答道："麻烦您明天再来吧！"门外的陌生男人似乎还不死心："我和你爸妈都认识，不是坏人。"陈希转身去给妈妈打电话，将陌生人描述了一番，等她回来准备回答男子的时候，他已经不在门口了。

● 安全预防小办法

　　1.一个人在家时，要锁好防盗门、关好窗户，防止坏人轻易地从门或窗户进入家里。

　　2.独自在家时，可以把电视、电脑音箱等音量调高，这样陌生人会以为家里人都在。

3. 只要是陌生人敲门，牢牢记住千万不要开门。

4. 如果有陌生人敲门，要隔着门和窗与其说话，千万不要先开门再说话。

5. 说话时注意不要明示或暗示自己一个人在家，要想方设法打消陌生人进家的念头。

● 这样做很危险

邻居敲门可以开门

如果敲门的人说自己是邻居，是否就可以信以为真呢？如果两家往来比较密切，相互之间都很熟悉，且父母知情允许，方可开门。现在城市人口流动性大，邻居经常搬来搬去，所以很多时候邻居是陌生人。即使对方是邻居，如果两家不熟也不要轻易开门。假如从猫眼看到有好几个人守在门口，就更不能开门了。

● 安全小备注

只要是陌生人敲门，不管是"父母的朋友"，还是自称"修煤气""修自来水管道""维修厨房"的人，都不要随便开门。一旦让他们进来，接下来发生什么事情我们都无法控制，有可能会危及人身和财产安全。聪明的做法是假装父母在家，例如，我们朝屋里喊一句："爸爸妈妈，外面有人在敲门，你们快来看看吧！"也许，陌生人听到后会知难而退。如果对方确实有事，仍然不要开门，我们可以问他有什么事，记下来后转告父母。

测测你的安全知识

如果有陌生人敲门，你该怎么办？

Ⓐ 开门请他进来

Ⓑ 通过猫眼看看对方是谁

安全意识指数：A.☆☆☆　　B.★★★

17.坏人进到家里如何脱险

● 危险经历

周日上午11点多，珠珠和姥姥在家准备午饭。听到几声敲门声，珠珠以为是妈妈回来了，就不假思索地把防盗门打开了，门刚开了一条缝，一个男人就使劲儿挤入屋里。闯入后，他一把掐住珠珠的脖子，想把她拖到卧室。听到响动，姥姥走过来看到这种情形，赶紧揪住男子，想把他拉开，珠珠趁机挣脱男子的手，赶紧跑回客厅拨打报警电话，但由于恐慌，还没有打通那个男子又冲了过来。受到威胁的珠珠对男子说："我妈去楼下买面条，马上就要回来了。"也许担心拖久了难以脱身，男子僵持了一会儿就跑了。

● 安全预防小办法

1. 开门前一定要弄清楚门外的人是谁，不要开门后再看。

2. 如果家里的大门上装有防盗链条，平时独自在家时应把链条扣上。这样即使坏人有歹意，也很难强行进入家里。

3. 如果陌生人坚持要进入室内，可以声称要打电话报警，或者到阳台、窗口高声呼喊，这样可以起到震慑的作用。

4. 不要邀请不熟悉的人（认识但关系不密切也要谨慎）到家中做客，

以防给坏人可乘之机。

● 这样做很危险

与坏人勇敢搏斗

坏人大多数都是成年人，对于未成年的学生来说，如果与之搏斗，那么成功的概率比较小，我们很容易受到身体的伤害。我们既不懂武术，也不会搏斗，想要通过武力制伏闯进家里的坏人是万万不可取的。如果要尝试，一定要先对双方实力进行冷静分析，否则可能招致坏人更加疯狂的报复。

● 安全小备注

如果遇到坏人以各种理由闯入家中，首先，要保证我们自己的人身安全，要淡定、沉着、冷静，切记不要与坏人硬拼，必要时他要什么财物就给他什么财物。其次，要想方设法脱离险境，与坏人斗智。例如，佯装害怕服从，暂时答应对方的条件，与之周旋拖延时间；将家里值钱的物品抛向远处或佯装告知藏钱处，吸引坏人忙于捡钱、抢物，寻机跑进其他房间，并把房门反锁；与其讲道理，晓以法律，劝其停止违法行为。抓住机会打110报警或呼救。报警时，要说清楚自己的详细地址，将坏人的身高、外貌特征等信息告知警察。在确保自身脱离险境的情况下呼救，如果喊"救命"没有奏效，我们可以试着喊"救火"。

测测你的安全知识

如果在家里遇到小偷，你该怎么做？

Ⓐ 假装服从，伺机报警

Ⓑ 大声喊叫

安全意识指数： A.★★★　B.☆☆☆

18.安全燃放烟花爆竹

● 危险经历

　　正月初一，志林和同学相约出去玩，两人看到街上有卖烟花爆竹的小摊，就买了几个"冲天猴"玩。志林的同学没有准备好就点燃了"冲天猴"，不料一颗飞弹直冲志林的眼睛，爆炸之后的烟雾和火光冲击到他的脸部，只见志林捂住眼睛疼得掉眼泪。于是两人一边联系父母一边奔向医院。经检查，志林的右眼珠破裂，紧急处理后暂时控制了感染。虽然脸上涂抹了药膏，但他仍然不时难受地呻吟着。

● 安全预防小办法

　　1. 燃放烟花爆竹时，不要推搡打闹、来回跑动，不可用烟花爆竹吓唬他人。

　　2. 烟花爆竹依据危险程度分为A、B、C、D四个级别，最危险的A级需要由专业人员来燃放。我们需要在成年人的监护下，选择危险性最低的D级燃放。

　　3. 尽量选用导火线长的烟花爆竹，用香点燃（切忌用打火机），这样从点燃到爆炸有足够的时间撤离到安全区域。

　　4. 最好燃放一些小型烟花，一旦因为燃放大型烟花发生意外，所造成的伤害非常严重。

5. 燃放烟花爆竹必须在开阔、无易燃物和高压线的地方进行，注意避开周围行人和车辆。

6. 观看烟花要保持在安全距离之外，站在上风方向。走路时，尽量离燃放点远一些。

● 这样做很危险

过去看看哑炮是怎么回事

哑炮，就是点燃后没有爆炸的烟花爆竹。如果遇到哑炮，马上过去看看是非常危险的，千万不可冒失凑近查看、徒手拿起来看、用脚踢，甚至准备进行二次点燃。比较保险的做法是，先远距离观察十几分钟，然后站在离哑炮远一点儿的地方用水浇熄，确保熄灭后离开，以免意外发生。此外，走路时如果看到燃放后的烟花筒和碎屑，也不要用脚踢，因为里面可能会有哑炮。

● 安全小备注

燃放喷花类烟花时，一定要找重物固定好防止倾斜，切勿直接用手拿着点燃。燃放旋转类烟花时，一定要把烟花放在平地上，千万不要手拿吊线玩耍。燃放升空类烟花时，一定要保持远距离观看，防止烟花伤害我们自己。吐珠类烟花容易发生爆炸，不要用手拿着放，更不要对着人发射。爆竹要用长杆捆住或固定在一个位置上，点燃后要远离。总之，所有的烟花爆竹尽量不要用手拿着燃放，燃放或观看时都要保持一定的距离。

测测你的安全知识

眼睛被炸伤该怎么处理？

Ⓐ 用水冲洗

Ⓑ 就近诊治

安全意识指数：A.☆☆☆　B.★★★

19.安全用电脑，避免伤身体

● **危险经历**

　　田宇的爸妈是做生意的，平时很忙，所以他没事就在家玩电脑，痴迷的时候都不出门、不吃饭。暑假过后，他的视力开始下降，去医院检查时发现视力已经低于0.1了，他只好配了一副眼镜。开学没多久，他连续熬了两个晚上，到第三天时，开始感觉头晕眼花，脸色变得苍白，只好在家休息两天。后来，他在网上看到一个女同学因为每天长时间使用电脑，导致眼睛看不见东西，终于意识到长期玩电脑的危害性。

● **安全预防小办法**

　　1.有意识地控制玩电脑和上网时间，少熬夜，防止因身体机能下降而患上各种疾病。

　　2.使用电脑时，每隔1小时就应起身活动，呼吸新鲜空气，眺望远处，或进行10~20次扩胸练习。

　　3.使用电脑时，坐姿要端正，注意眼睛与电脑屏幕的距离（40厘米~50厘米），屏幕亮度以眼睛舒适为宜。

4. 在电脑旁边放一些防辐射的植物，如仙人掌等。

5. 养成锻炼身体的好习惯，每天保证至少运动半小时。

6. 广交朋友，多参加社交活动，丰富学习之余的现实生活，这样能减少上网时间。

● 这样做很危险

过度用电脑

长时间玩电脑，容易患"电脑病"。首先，眼睛会干涩、发红，视力下降；其次，夜间上网导致白天精神倦怠，而且神经长时间过于紧张可能导致免疫力下降；最后，电脑屏幕会产生大量的静电，吸附灰尘，如果长时间面对电脑，面部肌肤会变得滑腻，容易沾染灰尘，导致面色暗沉，起疹子。因此，玩电脑一定要掌握"度"，严格控制时间。

● 安全小备注

为了防止颈椎、腰椎等身体部位疲劳，操作电脑时尽可能保持自然舒适的坐姿，后背坐直，颈部挺直，两肩自然下垂，上臂贴近身体，手肘弯曲成90度，尽量使手腕保持水平，眼睛与屏幕平行。玩电脑一段时间后，应起身活动活动，做做眼保健操，洗洗脸，保持皮肤清洁，防止辐射对皮肤的刺激。

玩电脑时怎么避免对身体的损害？　　　　测测你的安全知识

Ⓐ 想玩多长时间就玩多长时间

Ⓑ 坐姿要正确

安全意识指数：A.☆☆☆　　B.★★★

20.网络交友时应该注意的问题

● 危险经历

小艾上网时认识了一个名叫丁磊的社会青年，经过一段时间接触了解后，她对丁磊非常信任，两人总有说不完的话。没过多久，丁磊便以旅游的名义将小艾骗到外地农村的家中，强迫小艾与他共同生活，甚至限制她的行动。在被困数天以后，小艾趁丁磊不备，向家里打电话求救，心急如焚的妈妈立刻报了警。在当地公安部门的协助下，民警几经周折，在一个破旧不堪的房子内找到了小艾，并连夜将她安全护送回家。

● 安全预防小办法

1. 网络是虚拟的，网络交友要加强自我保护意识，不能轻易相信网友，防止自身遭受非法侵害。

2. 网络交友应选择志同道合的朋友，要对对方的现实状况有基本的了解。

3. 网友初识应尽量避免谈及隐私话题，男女之间须避免亲密接触。对网友的盛情邀请，要保持警觉，以免上当。

4. 多与现实中的同学、朋友交往，不要过度依赖网上交友。

● 这样做很危险

单独和网友约会

快要见网友了，我们总是心中充满期待，但是见网友也存在一定的危险，因为我们并不知道网友是好人还是坏人，尤其是不少坏人冒充网友实现自己的企图。如果我们真的要去见素未谋面的网友，最好找个同伴（同学或朋友）一起去，这样可以彼此照应，如果发生危险可以一起商量和应对。见面的地点，应该是人多的公共场合，千万不要听从对方去一些偏僻人少的地方，坚决不给犯罪分子可乘之机。

● 安全小备注

虚拟的网络世界存在潜在的危险，我们应该时刻保持高度警惕。记住，网上的信息鱼龙混杂，真假难辨，聊天的"12岁女孩"可能是一个40多岁的男人。为了安全起见，我们应保护自己的信息和隐私，在网上不要随意提供个人的真实信息，例如，家庭住址、学校名称、家庭电话号码、个人账户和密码、父母姓名、家庭经济状况等，也不建议在网上公布自己的真实照片。

测测你的安全知识

网上交友应注意哪些事情？

Ⓐ 避免与网友谈及隐私话题

Ⓑ 可以与网友单独约会见面

安全意识指数：A.★★★　B.☆☆☆

21.灭火器的使用方法

● 危险经历

　　暑假的一天下午，小伟正在家里写作业，忽然闻到一股焦煳的味道。他赶紧放下手中的笔，顺着味儿跑向厨房，原来是炉灶上正在烧水，火苗点燃了放在煤气灶旁边的抹布。慌乱中，小伟想起楼道里有灭火器，赶紧跑出去拿回来。他学着电视里消防员的样子，把灭火器口对准火苗，开始用力压灭火器的把手，可怎么压也压不下去，急得他满头大汗。幸好，邻居闻到了焦煳的味道，看到小伟家开着门，就进来看看发生了什么事。邻居拿过小伟手里的灭火器，一把拉开灭火器的保险销，很快就扑灭了火苗。

● 安全预防小办法

　　1.参加消防学习课，掌握各种灭火器的操作要领，有机会就亲自实践一下。

　　2.常见的灭火器有一个压力表，表上有黄、绿、红3种颜色划分的区域，指针指到绿色区域表示压力正常，指到黄色区域表示压力过高，指到红色区域表示压力过低，出现异常就不能正常使用。

　　3.平时应该关注身边的灭火器，看消防栓是不是正常、设备是否有损坏，有问题及时告知父母。

4.留意灭火器放置储存的位置是否妥当，灭火器钢瓶不能摆在容易暴晒、靠近热源的地方，否则会失效。

● 这样做很危险

液体着火时，用灭火器直接向液面喷射

灭液体火时，不能用灭火器直接向液面喷射，要由近及远，在液面上方10厘米左右的位置快速摆动，覆盖燃烧面，从而实现灭火的最佳效果。此外，灭火时不要站在下风口，防止火苗冲向我们自己。同时，注意距离远近，开始灭火时离火至少1米。

● 安全小备注

不同的灭火器，适用于扑灭不同种类的火灾。干粉灭火器适合一般家庭使用，可用于扑救各种易燃、可燃液体和易燃、可燃气体火灾以及电器设备火灾。泡沫灭火器适用于扑救各种油类火灾和木材、纤维、橡胶等固体可燃物火灾。二氧化碳灭火器适用于各种易燃、可燃液体和可燃气体火灾，还可扑救仪器、仪表、纸张和低压电器设备以及600伏以下的电器初起火灾。新型灭火器具有抗溶可靠、灭火效率高的性能，适用于固体物质火灾、液体火灾和可溶物火灾的扑灭。新型灭火器使用非常方便，而且安全、环保，只要轻轻往起火处一扔，就会自动喷射出多功能泡沫。

测测你的安全知识

下列哪项是灭火器的安全用法？

Ⓐ 电器着火用泡沫灭火器灭火

Ⓑ 图书着火用二氧化碳灭火器灭火

安全意识指数：A.☆☆☆　　B.★★★

22.逃生绳的使用方法

● 危险经历

　　凌晨4点左右，住在三层的江海涛一家正在熟睡。突然听到"砰"的一声巨响，爸爸急忙起来查看，推开门一看楼道里全是黑烟，听见有人喊"起大火啦，赶紧跑吧"，场面一片混乱，人们乱成一团。正当一家人准备冲下去的时候，江海涛想起消防员叔叔讲过的火灾自救知识，对爸爸妈妈说："楼道有浓烟不能乱跑，咱们可以用我去年参加消防培训时买的逃生绳逃到楼下。"爸爸妈妈听罢，赶紧关上门，按照江海涛说的逃生绳使用方法，一家三口很快脱离了火险。

● 安全预防小办法

　　1. 每个家庭都应该准备一条逃生绳。

　　2. 逃生绳自带缓降器和安全腰带，绳的一端有一个架子，可放在地面或安装在墙上。

3.绳子和安全腰带可以连接，使用时可直接往楼下跳。由于缓降器的作用，下降速度是缓慢均匀的。

4.使用逃生绳的时候最好佩戴手套。

● 这样做很危险

普通绳子可以当作逃生绳

"逃生绳与普通的绳子完全一样"，这个想法是错误的。逃生绳是用特殊材质做成的，有阻燃效果，在火灾中使用不容易被火烧断。此外，逃生绳的使用需要经过特殊的训练，购买时要详细了解使用方法，最好进行专业培训。除非遇到特别紧急的情况，否则不可使用。

● 安全小备注

在发生火灾的情况下，如果我们住在7楼以下，楼梯的通道被堵塞，或者木制楼梯被烧坏，可使用逃生绳逃离火灾现场。使用时可将绳子分段打结，然后拴在牢固的物体上，沿着绳子攀缘而下，就能顺利逃生了。如果住在7楼以上，可利用安全楼梯，安全楼梯从底层直通楼顶，每一个楼层的出入口都有防火门，可阻挡火势、烟雾和热气流。也可以待在阳台、窗口等易被人发现或避免烟火近身的地方，等待救援。记住，千万不要直接跳楼，因为跳楼会造成非常严重的后果。

测测你的安全知识

发生火灾时，下列哪种做法比较安全？

Ⓐ 借助逃生绳到楼下

Ⓑ 直接跳楼

安全意识指数：A.★★★　B.☆☆☆

23. 认识 "110" "119" "120"

● 危险经历

　　"喂，120吗？我奶奶晕倒了，你们快来救人！"宋勇刚看到奶奶倒下了就赶紧给120打电话。他等了一会儿，没有听到急救车的鸣笛声，就迫不及待地再次拨通了120的电话："你们怎么还没来？快点儿！"说完又匆匆挂断了电话。一想到奶奶有高血压，救护车迟迟不见出现，爸爸妈妈也没有回来，宋勇就更加着急了。情急之下，他跑出去敲响了邻居林叔叔家的门请求帮忙，在林叔叔的指导下，宋勇又一次打通了120电话并详细说明了情况，没过多久救护车就来到了楼下。

● 安全预防小办法

　　1. 110、119、120都是24小时服务的免费电话，公用电话、固定电话、手机可直接拨打。

　　2. 在拨打110、119、120时，要沉着冷静，用简练的语言耐心、详细地说明，认真回答接线员的相关问题。

　　3. 要明确说明事情发生的地点，便于警察、消防员和医务人员能够在最短时间内到达。

　　4. 打完电话后，让对方先挂断，以保证对方已完全了解需要的信息。

5. 没事不要乱拨110、119、120。假如不小心拨入或拨错，要在电话里马上解释清楚。

● 这样做很危险

110、119、120电话随便打

110、119、120指挥中心有时候会接到陌生青少年的骚扰电话，有的几十秒，有的两三分钟，甚至不分白天黑夜。随意拨打110、119、120电话是违法行为，这样很容易耽误正常的报警，具有严重危害性，青少年千万不要为了恶作剧拨打110、119、120电话，否则会被追究法律责任。

● 安全小备注

在打110、119、120时，首先，要说清楚详细地址，如区（县）、街道、小区、楼号及门牌号。其次，要简要描述发生的具体情况，如事情发生的情况、着火地点、病人发病症状等。最后，要留下自己的姓名和联系方式。

当拨打119、120后，要到路口等待消防车或救护车，见到时要主动挥手接应，以便消防车或救护车能够迅速、准时到达目的地。

测测你的安全知识

以下哪些情况需要拨打110？

Ⓐ 看到有人盗窃

Ⓑ 有老人、儿童走失

安全意识指数：A.★★★　B.★★★

第二章

校园生活无事故

01.同学打闹适可而止

● 危险经历

　　课间休息时，硕硕和小魏在教室里打闹。一开始，他们只是在课桌之间穿梭，你跑我追。突然，硕硕一下子跳到了课桌上。这时，上课铃响了，硕硕赶紧往下跳，结果脚下打滑，摔了下去，鼻子碰到了课桌角上。同学连忙将硕硕送到医务室止血，校医说幸好没有撞到鼻梁，否则后果不堪设想。

● 安全预防小办法

　　1.教室空间比较狭小，而且有桌椅和饮水机等物品，所以我们不应在教室中追逐打闹，更不要做危险系数较大的动作。

　　2.教室的地板比较光滑，尤其是洒水以后，我们应该注意防止滑倒、摔伤。

　　3.不要在高处打闹，要从高处小心翼翼地下来，否则意外摔伤后果可能很严重。

　　4.不要在教室的窗户边互相推拉，不要把身体探出阳台或者窗外，当心坠下楼去。

5.同学间的打闹要适可而止，在教室门口时要小心，以免开关门夹到自己或他人的手指。

6.不要在夜晚嬉戏，不仅因为夜晚视线不好，而且我们的反应能力也会降低，这样更容易发生危险。

● 这样做很危险

学"英雄"做"武侠"

"英雄""武侠"只存在于小说和电视剧中。现实中，如果我们把树枝当剑使，很容易误伤同学；如果把铅笔、钢笔等当飞刀，容易扎伤同学的眼睛；如果把锥子、刀、剪子等锋利、尖锐的工具带到学校，可能会造成意外伤害。

● 安全小备注

在校园，同学间玩耍打闹要有分寸，不要用烟花爆竹、小鞭炮等危险物品搞恶作剧，也不要用图钉、大头针等常见文具相互"攻击"。这些"非故意"可能造成很大的伤害。

测测你的安全知识

同学之间玩耍打闹应注意哪些安全隐患？

Ⓐ 跌倒、摔伤

Ⓑ 被尖锐的东西刺伤

Ⓒ 携带危险物品伤害自己和他人

安全意识指数：A.★★★　B.★★★　C.★★★

02.课间活动要注意安全

● 危险经历

一个下雨天，课间休息时同学们没法出去玩，只能待在教室里。有几个淘气的男同学将课桌和座椅拼起来，腾出一点儿空间，准备玩"跳马"。文超自告奋勇第一个跳，想给大家做个示范。就在他冲跑过去准备起跳的时候，几个爱捣乱的同学有的出手吓唬，有的出脚使绊，有的还故意摇晃课桌……他一头栽到课桌上，把一颗门牙磕掉了。同学们赶紧把他送到了医务室。

● 安全预防小办法

1. 一定要选择开阔的场地进行游戏活动。不要在教室里打闹和搞恐吓同学的恶作剧，防止意外事故发生。

2. 课间不要玩耍小刀、仿真枪等会伤及自己和他人的锋利物品或玩具，更不能把管制刀具带入校内。

3. 课间不要剧烈运动，不要追逐打闹，避免撞伤或摔伤。要做到文明休息，保持良好的精力和体力。

4. 在课间，同学之间发生纠纷，要及时报告老师，及时化解矛盾，防止矛盾激化发生打架斗殴事件，导致不良后果。

● 这样做很危险

运动器械随意玩

课间休息时，有的同学喜欢到操场使用运动器械。在使用运动器械时，要严格按照体育老师指导的方法去做，规范自己的动作，学会自我保护。在没有保护措施的情况下不要在单杠、双杠等设施上做危险动作，更不能在教室中将课桌椅当运动器械做危险动作，避免摔伤。

● 安全小备注

课间活动安全的3个具体要求：

- 教室里轻轻走，走廊上慢慢走，上下楼梯靠右走。
- 课间活动文明游戏。
- 不随便进入专用教室，不在允许的范围外活动。

测测你的安全知识

课间活动时需注意什么问题？

Ⓐ 选择开阔的场地

Ⓑ 做剧烈的游戏活动

安全意识指数：A.★★★　B.☆☆☆

03. 被同学勒索怎么办

● 危险经历

雅杰是一名初一的学生。上初中以来，班长云峰借检查作业、监督背书的机会经常向同学要钱，导致雅杰总是处于惊恐状态，精神状态大不如前。很快，爸爸妈妈发现雅杰的零用钱越要越多，再三询问事情的真相，雅杰只好交代了缘由。这个学期以来，班长跟自己要钱，多则几十块，少则十几块，还警告他不能将这件事告诉父母和老师。雅杰的父母听闻此事，立即向班主任和学校反映，学校对云峰进行了处理。

● 安全预防小办法

1.被同学勒索时，要保持自信，不要怕。我们越不敢声张，敲诈者越嚣张。

2.不要轻易答应对方的要求，可以借口身上没钱，约定时间、地点再"交"。

3.如果遇到同学勒索，要立刻报告父母、学校，严重时要报警，寻求安全的保护。

● 这样做很危险

遇到同学敲诈勒索逞英雄

　　遇到同学敲诈勒索时，不能急躁，不要轻易逞英雄、强出头硬拼。硬拼往往会使自己受到伤害。尤其当实施敲诈勒索的人不止一个时，我们势单力薄，处于不利地位。我们要保护自身安全，沉着冷静地应对，随机应变。同时牢记，事后一定要向学校老师和家长寻求帮助。

● 安全小备注

　　与有敲诈勒索恶迹的同学来往，要做到不卑不亢、不躲不藏，如果我们具备平和的心态，有足够的智慧去应付他们，他们自然不会来找我们。智慧体现在巧妙的拒绝，断绝他们今后勒索的恶念；智慧体现在不伤面子，让他们觉得仍然是同学关系；智慧体现在没有埋下报复的种子，一切已经化解。总之，要学会运用智慧应付他们，保护自己远离勒索。

测测你的安全知识

遇到同学勒索，应该怎么办？

Ⓐ 答应对方的所有要求

Ⓑ 向老师和父母寻求帮助

安全意识指数：A.☆☆☆　　B.★★★

04.遭遇校园暴力怎么办

● 危险经历

龙龙因为身材矮小、瘦弱，经常被高年级同学欺负，尤其是一个叫王雨的家伙，更是三天两头找他麻烦。这天，龙龙又碰到了王雨。正当龙龙

想下台阶躲开时，王雨突然从远处冲过来，还使劲儿推了龙龙一把。龙龙从台阶上骨碌下去，胳膊和腿都被摔得乌青一片。

● 安全预防小办法

1. 受到暴力侵害时，立即采取灵活的应急措施，不要刺激对方，降低被侵害的程度。事后立即告诉父母和老师，情节严重时应该报警。

2. 上下学、出外办事时，不要单独行动，尽可能与同学结伴同行，不要携带太多的财物。

3. 如果有人约你到较偏僻的地方，一定要坚决拒绝。遇事不要忍着不吭声，要事后第一时间告诉家长或老师。

4. 上学不化妆，服饰要得体，不要穿着过分暴露的衣服。

● 这样做很危险

遭遇暴力时用沉默面对

如果遭受暴力或被欺负后担心对方报复，选择沉默，这无异于助纣为虐。面对暴力时，大声呼喊表示抵抗，给来势汹汹的坏人以警告。在暴力发生后，要勇敢站出来，必要时用法律的武器保护自己的正当权益。

● 安全小备注

在学校日常生活中，养成谨言慎行的习惯，不要说刺激、伤害别人的话。与同学发生矛盾或冲突时，尽量用和缓的语言与手段加以处理。

如果遭遇校园暴力，在不满足施暴者的某些无理要求就不能脱身，甚至可能遭受皮肉之苦时，要冷静处理，有时候给钱也是一种缓兵之计，但事后一定要第一时间告诉家长和老师。

测测你的安全知识

如果遭遇校园暴力，你会怎么做？

Ⓐ 担心报复，选择沉默

Ⓑ 及时告诉老师、父母，必要时用法律武器维护自身的权益

安全意识指数：A.☆☆☆　B.★★★

05.学会保护自己的财物

● 危险经历

　　课间休息时，老师来收书本费。轮到吴昊交钱了，可他怎么也找不到钱。早上出门时，吴昊明明从妈妈手里接过了100元钱，钱到底在哪里？吴昊翻遍了书包、衣服口袋，还是没有找到，急得满头大汗。

● 安全预防小办法

　　1.上学时身上尽量不要带太多现金，必须带时可以换成面值较小的，分散装在口袋里。

　　2.上、下学乘坐公共交通工具时，要用手、身体护住财物。随手用的东西，比如手机，更不能掉以轻心。

　　3.上课时保持课桌干净整洁，这样不仅防止丢东西，还有利于找东西。

　　4.在自己的贵重物品贴上联系方式，这样捡到者知道应该还给谁。

5.比较贵重的东西，能上锁的记得上锁，比如自行车等。

● 这样做很危险

图方便，贵重物品放衣兜

有些同学图方便，将手机、钱包等贵重物品放在衣服的兜里。其实，这样的习惯很危险，因为从衣服兜里掏东西时，兜里其他东西很容易滑落，尤其是在上卫生间的时候，一弯腰，手机就可能落入下水道里。

● 安全小备注

良好的习惯很重要，自己的东西切勿随意乱放，平时就要养成随手把东西放回原位的习惯。出门前或者离校前确认一下自己书包里的物品，如手机、钥匙、眼镜、钱包等，以免遗漏。不要携带太贵重的物品上学，更不要将钱等放在书包底部或侧面。

上厕所前，如何保管好自己的财物？
测测你的安全知识

Ⓐ 手机放在裤兜里

Ⓑ 将口袋中的钥匙、钱包、手机拿出来交给同学保管

安全意识指数：A.☆☆☆   B.★★★

06.在宿舍里如何防盗

● 危险经历

夏天的晚上，宿舍内十分闷热。为了图凉快，大家晚上睡觉时都敞着门。一天早上，贺炜的室友发现手机不见了，随后贺炜发现自己的钱包也不见了，贺炜赶紧将情况报告给老师。老师拨打110报了案。警察从学校的监控录像中找到嫌疑人，没过多久就抓到了他。此后，贺炜和室友们再也不在晚上敞着门睡觉了。

● 安全预防小办法

1. 当我们是离开教室或宿舍的最后一个人时，一定要检查门窗是否锁好。

2. 中午或晚上休息前，一定要关好门窗，尤其是低楼层阳台的门窗。

3. 保管好自己的钥匙，不要轻易借给他人。如果丢失，要和室友们商量是否换把新锁。

4. 贵重物品要妥善保管。比如，交给班主任或宿管老师等，放在最安全的地方。

5. 身边的现金够花就行，尽量不要在宿舍放太多钱。

● 这样做很危险

留宿外来人员

随便留宿不知底细的人，有可能引狼入室，发生盗窃案。所以，不要在宿舍里随意留宿外来人员。

同时，对外来推销人员应坚决予以拒绝。对形迹可疑的陌生人，如假称推销商品或找人等，应加强警惕、多加注意，防止他们找各种借口伺机行窃。如果遇到类似的可疑人员，应主动询问、再三查证，并报告老师或宿管人员知晓。

● 安全小备注

养成随手关门的好习惯，如果门没关好会给不法分子留下作案的机会。当我们在屋里的时候，一定要把门反锁，否则门很容易从外面打开。即使是短时间离开宿舍，如去水房、上厕所、买饭、打水等也要锁好门再走。此外，开学初始和快放假的混乱阶段、上课和上晚自习等宿舍没人的时候，都要特别注意宿舍安全。

测测你的安全知识

如果你将宿舍的门钥匙丢了，你应该怎么办？

Ⓐ 自己再配一把

Ⓑ 和室友们商量换把新锁

安全意识指数：A.☆☆☆　B.★★★

07. 上下楼梯防踩踏

● 危险经历

一天下午放学，正好赶上下雨。刚上完体育课的初一年级学生跑向了三楼的教室。四楼、五楼的其他年级学生放学，因为不想淋雨也都堵在同一个楼梯口。两

个不同方向的学生挤在仅有1.5米宽的楼梯上，同学们越挤越着急。此时，有2名学生摔倒，继而引发多人倒下被踩踏，最后造成3名学生严重受伤、十几人轻伤的事故。

● 安全预防小办法

1. 平时上下楼的时候，应该靠楼梯右边行走，否则容易与反方向的同学相撞。

2. 当遇到一群人上下楼梯时，我们应该站在楼梯的右侧让出空间，让他们先从左侧过去。

3. 上下楼梯要谨防摔倒，尤其是在前后有人的情况下更要注意，防止踩踏发生。

4. 上下楼梯时，尽量与前后左右的人保持一定的距离，这样我们才有

时间做出应急反应。

5. 一步一级台阶，不追逐、不争抢、不打闹，千万不要做跨栏杆、跨扶手、倚着楼梯扶手向下滑行等危险举动。

● 这样做很危险

楼梯拥挤时急于逃出去

如果我们陷入拥挤的人群，在本能驱使下，拼命地想出去并不是最好的选择。此时，我们应尽量走在人群的边缘。切记，一定要先站稳，身体不要倾斜失去重心，即使鞋子掉了、鞋带开了、东西掉了，也不要弯腰、蹲下或坐下。当然，如果及早发现楼梯里拥挤的苗头提前撤离是最好的。如果陷入其中，千万不要起哄制造紧张或恐慌气氛，因为这样做会导致危险情况发生。

● 安全小备注

95%的校园踩踏事故都发生在楼梯间，因此我们上下楼梯时要特别注意。值得注意的有两点：

一是上下楼梯的时间。重点关注许多新生入学的阶段，以及晚自习下课、放学和集体活动等时刻。

二是除了保证自己不摔倒外，平时上下楼时还要留意人是不是很多，有没有人摔倒，前面有没有人弯腰系鞋带等情况发生。

测测你的安全知识

当你上下楼梯时，需要注意什么？

A 与前后左右的人保持一定距离

B 上下楼梯时靠右行走

安全意识指数：A.★★★　B.★★★

08.体育课的注意事项

● 危险经历

体育课上，正在进行跳鞍马练习，同学们一个接一个助跑、起跳、越过。突然响起一阵惊呼，原来是依涵起跳时因裤子太

紧、腿分开得太小而被鞍马绊了下来，摔倒在地。她的脸上、膝盖、胳膊肘都流血了，体育老师急忙指挥几个同学一起搀扶着依涵去了医务室。

● 安全预防小办法

1. 进行任何体育项目前都要做一些热身运动。准备活动越充分，越不容易发生危险。

2. 体育课上要服从老师的安排，理解动作要领，不要自己随意发挥。

3. 运动时不要过度疲劳，适当的休息或放松练习可缓解身体各部位的疲劳。

4. 使用体育器械时，一定要采用科学的方法。在做高难度的危险动作时，要做好安全保护措施。

5. 做练习时，一般遵循速度由慢到快、强度由低到高的规律。

6.体育锻炼时应穿着合适的服装，在安全的场地进行。

● 这样做很危险

没有热身就立即运动

运动前，热身活动一定要做，易受伤的关节、部位要充分活动开，否则身上的肌肉、骨头很容易出现拉伤、扭伤等问题。不要因为老师不在场或没有盯着，就想偷懒。运动前做好准备活动，这样才能防止伤害发生。

身体状况不好更应该多锻炼

感冒了，多运动就会好吗？腰扭伤了，游泳是否有助于恢复？类似问题的答案，从来都不是百分之百正确的，具体情况需要具体分析。当身体状态不佳时，过量的运动极有可能造成适得其反的后果，导致新的运动损伤。例如，腰扭伤应该及时治疗，最好卧床休息，如果进行游泳等需要腰部发力的运动，可能使疼痛加剧。

● 安全小备注

锻炼身体要根据天气的变化进行调整。

此外，体育锻炼还要讲究姿势。不同的项目有不同的基本动作，正确的姿势不但能达到锻炼的效果，还可以避免身体受到意外损伤。参加新的活动项目时，建议在专业教练的指导下进行，或自学运动要领后再去尝试。

测测你的安全知识

下列哪项事情不能在上体育课时做？

Ⓐ 没有热身就运动

Ⓑ 身上携带坚硬、尖锐、锋利的东西

安全意识指数：A.★★★　B.★★★

09.参加运动会需注意的安全事项

● 危险经历

　　学校春季运动会上，铅球比赛正在激烈进行。罗铮站在赛场旁边观看，他想要给同班好友张磊加油。前一名同学投掷完毕后，裁判老师进入落地区内测量投掷距离，罗铮也跟着近距离观看铅球着落点。就在裁判老师和罗铮还没有完全撤离铅球落地区时，张磊已将铅球投掷出手，飞出的铅球正好砸中罗铮的头部，顿时鲜血流出。罗铮被送往医院后，经检查头部颅脑损伤，需要住院治疗。

● 安全预防小办法

1. 遵守赛场纪律，服从现场老师的调度指挥，不擅自离开观看场地。

2. 投掷项目比赛时，尽量不要近距离观看，避免被飞行中的器械所伤。

3. 田径比赛中，不要在跑道上逗留或横穿跑道，否则不仅影响比赛，还可能危及自身安全。

4. 长跑比赛时严禁陪跑，为运动员加油助威的同时不能影响比赛。

5. 在参加比赛时，运动员应密切注意赛场情况，如果发现赛场上有无关人员，应及时通知老师，请无关人员离场。

● 这样做很危险

比赛前后多吃多喝

不论是赛前还是赛后，吃喝都要适度，过饱不仅影响成绩，还容易引起呕吐，造成身体负担和伤害。

赛前应控制过多饮食和饮水，如果有饥饿感或需要补充热量，可以考虑少量吃些巧克力或吃一些容易消化的食物。比赛之后，也不要马上"牛饮"或喝冷饮，否则会加重心脏负担，甚至出现胸闷、腹胀等症状。

● 安全小备注

如果你是参赛选手，比赛前要做好准备活动，进行热身练习，使身体充分活动开。同时也要注意身体保暖，必要时穿上外衣。比赛结束后，不要立即停下来，要做整理活动和放松活动，如慢跑等，使心脏逐渐恢复平静。如果天气较冷或刮风，要披上外衣，防止感冒。千万不要在赛后马上洗冷水澡。

测测你的安全知识

下列哪项事情不能在运动会上做？

Ⓐ 近距离观看比赛

Ⓑ 比赛前暴饮暴食

安全意识指数：A.★★★　　B.★★★

10. 运动受伤后的紧急处理

● 危险经历

浩浩很喜欢踢足球，是班里的"足球王子"。只要一下课，浩浩就带着足球冲上操场。一天，他练球时觉得肩膀有些痛，想起以前受伤用过红花油，就找出红花油在肩膀上揉了揉。连续用了几天不痛了，他又开始练起足球来。可没几天，浩浩的肩膀又痛起来，而且还越痛越厉害。爸爸妈妈赶紧带浩浩到医院检查，原来浩浩是肌肉拉伤，需要进行专业治疗。医生告诉浩浩，受伤了不能盲目进行治疗，治疗不好会留下后遗症。

● 安全预防小办法

1. 当运动后肌肉出现酸痛时，应对肌肉进行放松按摩。如果经常如此，则应考虑减少运动量。

2. 为了防止肌肉痉挛（抽筋），应尽量避免准备活动不充分、运动过于剧烈、运动时间过长等问题。

3. 感觉肌肉疼痛时，要进行自我检查。首先得看看疼痛、压痛点的位置以及是否有肿胀，检查韧带损伤程度，然后再决定是自行治疗还是去医院治疗。

4. 如果突然用力使肌肉拉伤，可以在疼痛部位敷上冰块或凉毛巾30分钟，千万不要搓揉和热敷。

5.肌肉的急性损伤如果不及时治疗或治疗不当，可能转化为慢性劳损，因此应及时到医院就诊。

● 这样做很危险

关节扭伤后立即热敷

关节扭伤是一种常见的运动损伤，确定伤势后应该怎么办呢？千万不要马上热敷，更不要尝试推拿。首先，适当抬高受伤的关节，高于心脏部位，这样可减少肿胀，如果能在伤后24小时内一直抬高效果更好。其次，用凉毛巾敷于受伤处或者将受伤关节浸入冷水中，可以多次反复进行。最后，受伤至少24小时后热敷，注意热敷的温度不要太高，时间也不宜太长。若应急处理后没有缓解的迹象，尽早寻求医生的帮助。

● 安全小备注

小腿抽筋发作时不仅疼痛难忍，而且还不能活动。那么遇到小腿抽筋怎么处理呢？可以尝试牵引处理，即以相反的力量均匀缓慢牵引，同时适当配合按摩和揉捏等方法。如果是在游泳时痉挛，一定不要慌张，先深吸一口气，把头潜入水中，使背部浮在水面，两手抓住脚尖，用力向身体方向拉。反复几次缓解后，要立即浮出水面，上岸后通过休息使肌肉慢慢松弛下来。

测测你的安全知识

运动受伤时应如何处理？

Ⓐ 肌肉拉伤后热敷

Ⓑ 游泳时抽筋，立刻向岸边游

Ⓒ 关节扭伤后，尽快抬高受伤关节

安全意识指数：A.☆☆☆　　B.☆☆☆　　C.★★★

11.实验课发生意外的紧急应对

● 危险经历

这天上午，同学们正在上化学实验课。老师安排两人一组做实验，佳玥和罗刚一组。虽然老师之前反复讲解了安全注意事项，但两人光顾着聊天没有仔细听。佳玥没有戴

防护手套就开始摆弄实验试剂，一不小心碰到了氢氟酸瓶子，手指立即感到一点儿烧痛。罗刚见此情形，赶紧向化学老师报告。在老师的指导下，佳玥用清水冲洗了15分钟才感觉好了一些。老师说，氢氟酸不仅会烧伤皮肤，还能腐蚀骨头，如果不及时处理，后果可能会非常严重。

● 安全预防小办法

1. 上化学课时，要认真听老师对实验室安全和实验注意事项的讲解。

2. 做实验时，应严格按照实验操作步骤进行，有条不紊地使用器材、试剂等。

3. 玻璃器皿（如烧杯、试管、瓶子等）要轻拿轻放，如果玻璃器皿摔碎，避免被玻璃碎片划破或被化学物品灼伤。

4. 含有强酸、强碱的废液应按老师的要求倒入规定的废液缸中，小心

不要触及皮肤。

5. 实验中，禁止用口、鼻、手直接接触有毒的试剂。

● 这样做很危险

用鼻子闻实验物品

一些有毒或有害的化学物品也容易产生有毒气体，所以用鼻子闻实验物品具有很大的危险性。实验中常见的有毒有害气体有一氧化碳、硫化氢等，我们一旦摄入这些气体，轻者昏迷，重者危及生命。

● 安全小备注

不论是酸类还是碱类，都具有强烈的腐蚀性，因此若皮肤沾染或眼内溅入任何化学药品，应立即用大量清水冲洗15分钟以上，达到稀释浓度的目的。如果是酸灼伤，清水冲洗后可用稀碳酸氢钠浸洗，再用清水冲洗。如果是碱灼伤，清水洗后可用1%硼酸或2%醋酸浸洗，然后用清水洗。如果是苯酚灼伤，清水洗后可用聚乙烯乙二醇和酒精混合液擦洗。

测测你的安全知识

做实验时，皮肤不小心溅上化学试剂，该怎么办？

Ⓐ 用清水冲洗15分钟以上

Ⓑ 若是碱灼伤，清水冲洗后用稀碳酸氢钠浸洗，再用清水冲洗

安全意识指数：A.★★★　B.☆☆☆

第三章

出行安全要注意

01.外出时安全意识不可少

● 危险经历

周末，王浩与两个同学一起去爬山。为了寻求刺激，三人一时兴起决定爬野山。途中，他们遭遇四五名留着怪异发型、有文身的社会青年拦路勒索抢劫。好在当歹徒即将得逞时，有两位市民路过这里，他们挺身而出制伏了歹徒，王浩和同学才得以脱身。

● 安全预防小办法

1. 外出游玩最好与大人结伴而行。

2. 与同学、朋友外出时衣着应朴素，尽量不戴名牌手表和贵重饰物，以免引起坏人的注意。

3. 不要接受陌生人的邀请同行。

4. 尽量选择人流量大的大道，不选小道、野道。

5. 外出要按时回家，如果遇特殊情况不能按时返回，应及时告知父母。

● 这样做很危险

出门在外多交朋友多条路

　　不要接受陌生人送的饮料、食品；不要告诉刚认识的人自己带了多少钱财或贵重物品；不要把包放在身后不管；如果有陌生人主动和我们打招呼，而且特别热情，我们要加倍警惕，不给对方太多的机会。如果在路上遇到陌生人询问，注意看好自己的随身物品。

● 安全小备注

　　外出旅游时，应该尽量低调，钱分散装在贴身的口袋里，身份证和银行卡分开放。在选景拍照时，要注意自己的钱包或随身带的行李。乘坐出租车要记下车牌号，不要坐非法营运的"黑车"。需要上卫生间时，尽量选择光线明亮并且有人出入的卫生间，方便后不要久留。住在旅馆时，陌生人敲门不要随便开门，问清楚再开门。乘坐电梯时，尽量与他人同行。

测测你的安全知识

外出时应注意哪些安全事项？

Ⓐ 衣着朴素，不佩戴贵重饰品

Ⓑ 尽量不去人少偏僻的地方

安全意识指数：A.★★★　B.★★★

02. 交通规则要遵守

● 危险经历

    下午1点多，济熙走在上学的路上，突然下起雨来。眼看快上课了，济熙有些着急。在学校附近的十字路口等了几秒钟红灯，他左右看了看发现没有车，就开始急匆匆地小跑穿越斑马线。刚到路中间，一辆出租车飞速冲向了路口，幸亏司机发现险情及时减速，才没有撞到济熙。济熙吓得不轻，他走进学校，坐在教室里还在回想刚才发生的一切。

● 安全预防小办法

    1. 过马路时要选择有人行横道的地方，因为机动车看到人行横道一般都会减速。

    2. 过马路时要遵守交通规则。除了看交通信号灯还要看车，要特别注意避让来往的车辆。

    3. 过马路时不要着急，讲究礼让，很多事故都是因为行人或机动车争抢才酿成的悲剧。

4. 注意汽车的转向灯，这是车辆转弯的重要信号。

5. 千万不能离车辆太近，注意保持前后左右的距离。

6. 禁止翻越马路边和路中的护栏、隔离栏，应选择过街天桥或地下通道安全过马路。

● 这样做很危险

过马路时"一心二用"

横穿马路，本来就很容易出危险，如果边走边看手机、边走边看书、边走边想事、边走边聊天、边走边玩等，就会更加危险。我们不能把自身安全完全寄托于他人，如果别人也处于与我们同样的状态，后果将非常严重。此外，即使是三五成群横过马路，也要注意车辆和周边的安全，如果大家忙于聊天、打闹，也容易发生交通事故。

● 安全小备注

不要在路边玩耍、追逐、打球、踢球等，这样不仅会妨碍交通，也有被车辆撞伤的危险。危险往往是在不知不觉中降临的，一旦发生，后果将不堪设想。

如果出现交通事故，要记住肇事车辆的车牌号和特征，积极主动向交警报告。

测测你的安全知识

过马路时应该怎么做？

Ⓐ 只要路上没车就不用遵守交通规则

Ⓑ 边过马路边玩手机

安全意识指数：A. ☆☆☆　B. ☆☆☆

03.乘坐公共汽车的注意事项

● 危险经历

　　周六上午，小宇和同学相约去博物馆。博物馆建在郊区，路途比较远，小宇和同学需要换乘两次公交车才能到。两人见面后先乘坐12路公交车，下车后在83路车站等车。他们发现很多人都在等83路。可能是83路车好久没来，很多人挤在一起，没有人排队或维持秩序。等了一会儿，83路终于来了，很多人担心上不去车，便使劲儿往车上挤。小宇和同学两人也加入到拥挤的人群中。突然，危险的一幕发生了，人小体轻的小宇被挤倒在地，有些人甚至还踩着他的身体往前走。小宇顿时感觉左脚疼痛难忍，无法站立。司机赶紧下车疏导人群，急救车将受伤的小宇送往医院。后经医院检查诊断，小宇的左脚踝骨折，身上也有多处瘀伤。

● 安全预防小办法

　　1. 等公交车时，要站在站台或安全线的后面等车，人多时自觉排队。

　　2. 公交车进站后，必须在车完全停稳后有序上下车。人多时，千万不要拥挤，防止发生危险。

3. 上车时，要把背包置于胸前，以免背包被挤、被盗或被车门夹住。

4. 上车后不要站在车门边，尽量往里边走，有座位要坐好。如果没有座位，到人少的地方站稳。一定要拉住扶手或手抓固定把手，避免紧急刹车时碰伤。

5. 上下车时，注意台阶高度，以及车与站台之间的空隙，避免踏空。

6. 遵守先下后上的秩序。不强行上下车，不硬推硬挤。

● 这样做很危险

身体探出车外

当我们坐在靠窗的座位时，经常会有人把头、手、身体等伸出窗外，这样是特别危险的做法，容易发生事故。因为相邻车道的机动车彼此之间距离较近，同向或反向车辆错车容易发生擦碰。因此，禁止将头、手等任何身体部位伸出窗外，胳膊也不要放在窗口上。

● 安全小备注

拦车时，不要站在道路中间，不要乘坐超员的公共汽车，更不要乘坐黑出租、黑摩的等非法客运车辆。乘坐公共汽车，尤其是乘坐长途汽车时，如果座位上有安全带要系上。不可以与驾驶员聊天交谈，这样容易分散其注意力，对突发事件难以及时做出反应。如果确实需要与驾驶员交谈，前提是不妨碍其安全驾驶。下车后，千万不能在车前或车尾穿行。

测测你的安全知识

乘坐公共汽车时，你应该怎么做？

Ⓐ 站立时拉住扶手或手抓固定把手

Ⓑ 身体伸出窗外

安全意识指数：A.★★★ B.☆☆☆

04. 乘坐出租车或网约车的注意事项

● 危险经历

　　妈妈想锻炼一下文靖，让她中考后独自去郊区的奶奶家看望爷爷奶奶。文靖下了长途汽车，天色已晚，她准备听妈妈的嘱咐打车去奶奶家。等了一会儿，一辆出租车停在她的跟前，从车上下来一个30多岁的男子热情地问她去哪儿，并主动帮她拉起行李箱。这时，旁边又走来一名男子说正好同路希望一起搭车。两人一起热情地劝说文靖上车。文靖觉得不太对劲儿，没有上车。突然，一辆交通执法车停在了出租车旁边，几个执法人员下车将出租车司机和另一名男子逮捕。原来，这辆出租车是非法运营车，另一名男子是司机的"托儿"，他们多次对独自乘车的女孩或老年人下手，将乘客骗上车后，驶到偏僻路段再抢劫财物。幸亏文靖警惕性高，才逃过一劫。

● 安全预防小办法

　　1. 乘坐合法运营的出租车或网约车。如果出租车不是按照计价器计费，应该先问好价格。

　　2. 下车之前检查随身物品是否带好（关车门前扫一眼座位），别忘记后备厢里面的物品。

3. 如果发现异常情况，如行驶方向不正确或不准确，一定要告知司机或找机会提前下车。

4. 夜间乘坐出租车，上车之前记下车牌号，离开时也看一下出租车的车牌号。

● 这样做很危险

与出租车司机聊天

有的出租车司机或网约车司机很爱聊天。在与司机聊天时，不要主动谈及个人信息，如自己的姓名、父母的姓名、学校、家庭住址、父母的电话等。在车上打电话时也要注意，通话中尽量不要涉及财产等隐私信息。随意透露个人信息，可能会对我们的财产和人身安全带来不利影响。

● 安全小备注

乘坐出租车或网约车时，尽量不要坐在副驾驶位置（司机右手边的座位），应选择坐在后排的位置。晚上乘坐出租车时，更要当心安全。上车前或上车后要及时将坐车时间、上车地点、车牌号等信息告诉家人，以防意外发生。如果在车上发生危险，要以最便捷的方式迅速报警求救，比如打电话、发短信、发微信语音、发送QQ消息等。

测测你的安全知识

乘坐出租车时，你应该注意什么问题？

Ⓐ 上车前，记下车牌号

Ⓑ 聊天中不要提及个人信息

安全意识指数：A.★★★　B.★★★

05. 乘坐私家车的注意事项

● 危险经历

　　中考前，冯佳邀请晓莉一起坐冯佳爸爸的车去考场熟悉一下环境。当车开到一个路口时，绿灯变为黄灯，冯佳爸爸估计还有几秒钟时间通过路口就没有减速，但没有想到的是，前面的车突然停了下来。冯佳爸爸的车与前面的车追尾了，引擎盖凸起。坐在后排的晓莉和冯佳因为没有系安全带，刹车时头撞到前面的座椅，受了轻伤。

● 安全预防小办法

　　1. 乘坐私家车时也要系上安全带，尤其是坐在副驾驶位置时，一定要系安全带。

　　2. 如果司机比较疲劳，一定要建议他适当休息，应避免乘坐司机疲劳驾驶的私家车。

　　3. 遇到路况不好的道路，特别是下陡坡、急转弯等，最好随时观察前方和车外的情况。

　　4. 一旦车辆失去控制，要努力使自己的身体原地不动。

● 这样做很危险

发生事故赶紧跑出来

如果发生撞车或翻车，想第一时间跑出来基本是不可能的，而且还存在一定的危险。当我们坐在前排时，如果能提前发现危险，要用手掌或手肘护住头部，同时两腿微弯，用力向前蹬地。如果来不及做前面的缓冲动作，坐在前排的人要抱头迅速滑下座位，坐在后排的人要迅速抱住头部并将身体缩成球形。如果汽车发生翻倒或翻滚，双手要紧紧握住座位，双脚死死抵住车厢。车不动后，要尽快逃离，可以击碎车窗玻璃逃生。

● 安全小备注

当车落入水中，无法马上打开车窗时，要想办法让水以最快的速度进入车内，比如，用破窗锤击碎车窗玻璃，才能增加逃生机会。因为如果水流进入车内的速度较慢，车内的人很容易发生溺水。记住，发生危险时要尽量保存体力并放松，这样等车内外的压力相等时，我们还有力气游出来。

测测你的安全知识

乘坐私家车时，应该注意哪些事项？

Ⓐ 系上安全带

Ⓑ 经过陡坡、急转弯时观察前方和车外情况

安全意识指数：A.★★★　B.★★★

083

06.乘坐地铁的注意事项

● 危险经历

　　下午5点，小翌坐地铁回家。车到站了，上下车的人比较多。小翌正在用手机专心看韩剧，突然被人一挤，手机脱手落下，正好坠入地铁车厢与站台之间那道大约10厘米宽的空隙内。车开出站了，小翌在站台上看了看站台地面距离轨道的高度，她想下一趟地铁开过来肯定会轧坏手机，于是一咬牙跳了下去。这一举动马上被地铁站台上的工作人员看到了，他们吹响口哨警告小翌。捡到手机的小翌很快被工作人员拉了上来，1分钟不到，下一趟地铁进站了，小翌吓出一身冷汗。

● 安全预防小办法

　　1.无论多么贵重的东西掉下地铁站台，都不要自己跳下去捡，要联系工作人员帮忙。

　　2.尽量避免在候车时拥挤，如果遇到身体不适或困难，一定要与工作人员联系。

　　3.如果遇紧急情况，第一时间通知工作人员，千万不要擅自进入轨道。

4.等车时，站在安全线后，不要在车门处站立或逗留。

5.随时注意车厢内的广播及报站提示，提前做好下车的准备。

● 这样做很危险

倚靠安全门

站在地铁里面时，倚靠在车门旁是非常危险的。如果地铁较为拥挤，站在门口时手或身体不要倚靠车门，确保手和手指远离车身与车门之间的空隙，以免车门开启后造成危险。在正常情况下，千万不要试图阻止车门或安全门关闭，灯闪、铃响时请不要再上下车。

● 安全小备注

乘坐地铁时，不要奔跑着通过闸机，更不要在闸机通道停留或往返行走。进站前请注意出入口的整体设计布局，防止踏空或与玻璃围墙发生碰撞，严禁翻越护栏。候车时，站在安全门口两侧，不要超出黄色安全线，按箭头方向排队候车，先下后上，不要推挤。上车后要坐好，站立时要紧握吊环或立柱。在列车运行过程中，尽量站定，减少随意走动。如果车内发生紧急事件，应该听从工作人员或广播的指挥。

测测你的安全知识

乘坐地铁时，你应该怎样做？

Ⓐ 遇到困难时，联系工作人员帮忙

Ⓑ 倚靠安全门

安全意识指数：A.★★★　B.☆☆☆

07.骑自行车的注意事项

● 危险经历

　　周六下午，小辉和同学一起骑车去郊区公园游玩。几个人玩到天色擦黑才回家。经过一段没有路灯的道路时，由于没有看清前面的一个大坑，小辉连人带车摔到坑里。几个同学连忙将他和自行车从坑里拉出来。同学发现小辉的自行车链子掉了，车轮有点儿歪，而且小辉的衣服被划破了，手背也擦出了血，就通知了他的父母。后来，小辉的父母赶来，将他送到医院进行了简单的处理，打了破伤风针才回家。

● 安全预防小办法

　　1.骑自行车前应该检查自行车是否完好。比如，出发前检查一下铃、锁、刹车、车轮、脚蹬等是否功能正常。

　　2.骑车应靠右边行驶，千万不要进入机动车道，禁止逆向行驶。

　　3.遇到不确定情况时，应及时控制好方向，适当减速或停车观察后再骑行。

　　4.晚上骑行时，尽量选择光照好的道路。视野不好时，应放慢速度缓行。

　　5.在恶劣的天气，如雷雨、台风、下雪或道路结冰等，尽量不要骑车出行。

● 这样做很危险

骑车带人

骑自行车技术再好，带人也是有危险的。首先，骑车带人是违反交通法规的，我国各省市对骑车带人的规定有所不同，以北京市为例，成年人骑自行车可以在固定座椅内载一名儿童，但不得载12周岁以上的人员。其次，自行车增加一个人的重量，容易重心不稳，遇到急转弯或上下坡时难以保持平衡。最后，坐在车上的人的举动难以预测，如果突然跳下来或晃动，可能对骑车人造成突发的危险。总之，我们骑自行车的时候尽量不要带人。如果载物，东西的长度也不能超过车身长度，宽度不能超出车把宽度，高度不能超过我们的双肩。下雨骑车时，不要一手扶把，一手撑伞。

● 安全小备注

须年满12周岁以上，才能在道路上骑自行车。学骑自行车时，应选择人车稀少的广场、操场等场所，最好有人帮扶。刚刚学会上路时，不要骑快车，更不要脱手骑车，杜绝骑自行车时打电话等各种危险行为。骑车转向时，要先观察前后是否有来往车辆和行人，然后伸手示意。例如，左转弯时伸出左手，不可急转猛拐，争道抢行。转弯或超车时，要转大弯，应保持足够的横向安全距离。听到机动车喇叭声，不要猛转车把躲避，适当减速并转头观察来车情况，避免撞及旁边的车辆和行人。

测测你的安全知识

骑自行车时，你应该怎样做？

Ⓐ 进入机动车道或人行道

Ⓑ 视野不好时应放慢速度缓行

安全意识指数：A.☆☆☆　B.★★★

08.乘坐飞机如何注意安全

● 危险经历

　　海平第一次坐飞机回东北老家看望姥姥。在飞机快要降落时，她掏出手机想给姥姥打个电话，空姐发现后立刻上前制止，经过劝导后她关了机。但没过一会儿，海平又打开手机要打电话，空姐再一次过来劝阻。一连两次不让打电话，海平非常生气，坚持不关机。

后来，飞机上的乘务员报了警，在航站区派出所，海平才意识到自己行为的严重性，原来在飞机上拨打手机是不安全的行为。

● 安全预防小办法

　　1.在飞机上要认真听从空中乘务员的安全指示，发生问题时要听从空中乘务员的指挥。

　　2.飞机起飞和降落主要靠无线电信号通信。此时禁止使用手机、电脑等电子设备，以免干扰飞机飞行引发危险。

　　3.乘坐飞机时应认真阅读安全须知，看安全逃生演示，了解救生物品的位置，观察好出口位置和大致路线。

4. 为了避免晕机，起飞半小时之前服用相关药品。如果在飞机上呕吐，使用前排座椅背兜中备用的清洁袋。

5. 座位头顶上方有阅读灯和请求帮助的按钮，有事可按此钮发出呼叫。

● 这样做很危险

试试飞机上的按钮和设备

和乘火车、轮船、汽车时一样，飞机上的各种设备不要随意触动，不懂的按钮也不要乱按，以免发出错误的信号甚至造成危险。例如，不要随便打开紧急安全门。有些国家明确规定，如果乘客无故按动紧急制动装置，要进行处罚。

● 安全小备注

飞机的安全检查比较严格，花费时间较长，因此为了不耽误我们的行程，尽量提前2小时到达机场，以便有足够时间办理乘坐飞机前的各种手续（如换登机牌等），免得时间仓促造成误机。随身携带的行李应按空中乘务员的要求放好，以免砸伤他人或堵塞逃生通道。

如果丢失行李，可向机场管理人员或所乘航班的航空公司求助，或者填写申报单交给航空公司。

_____

测测你的安全知识

乘坐飞机时，你应该注意哪些安全事项？

Ⓐ 试图打开安全门

Ⓑ 按空中乘务员要求系好安全带

安全意识指数： A.☆☆☆　　B.★★★

09.乘火车时如何防抢、防盗

● 危险经历

在开往青岛的高铁上，静静玩了一会儿手机，感觉有点儿困，她就把手机放在随身包里，准备靠着窗户休息一会儿。不

知道过了多久，等她醒来时发现车已经停了，原来是中途到站停靠，她下车到站台上透透气。等静静回到座位上时，发现自己的拉杆箱不见了。她准备掏手机给家里打个电话时，发现手机也不见了踪影。静静报案后，乘警通过调取监控录像初步锁定了犯罪嫌疑人，但嫌疑人已经不在火车上了。

● 安全预防小办法

1. 列车到站时，上下车人多，找座位、找放行李位置的人也多，此时要看好自己的行李物品。

2. 在火车上，不要请陌生人照看自己的行李，打瞌睡前要与同行的人或邻座商量好轮流照看行李。

3. 贵重财物尽量放在贴身口袋，尽量少带行李和现金。

4. 上下车时不要争抢，拥挤容易给小偷留出下手的机会。

5. 离开座位上厕所、就餐、找人或排队打开水时，要警惕个人物品和

行李被盗。

　　6. 一个人乘坐火车，列车中途停靠站点时，尽量不要下车。

● 这样做很危险

车票和钱款放在一起

　　如果车票放在钱包中，一旦被盗就会发生车票和钱双双丢失的结果。在什么地方容易被盗呢？主要是取票口、排队进站口、验票口、车门口、过道处等，这些地方往往人比较多，我们的注意力容易分散。如果在乘火车前火车票丢失，可以到站内退票窗口挂失。在列车上火车票丢失，要立即向列车长声明并补票；如果找到车票，下车可以办理退票。

● 安全小备注

　　当火车急刹车时，如果座位靠近门窗，应尽快远离；如果座位不靠近门窗可保持不动，低下头，下巴紧贴胸前。必要时，可以伏在地上，双手抱后脖颈，最好是脚朝火车头的方向，并顶住坚实的东西，膝盖稍微弯曲。

　　万一遇到火车出轨向前冲时，一定要放弃跳车的危险念头。火车的车窗玻璃比较厚，要想砸碎玻璃得用车厢内的专用锤子，敲击车窗四周近窗框的位置（不能敲击中间位置）。如果没有找到锤子，可用高跟鞋等尖锐物替代。

　　如果车厢内发生火灾，也不要盲目跳车，盲目跳车非常危险。应想办法通知列车员使列车尽快停下来，按照疏导指挥通过车厢两头的通道有序逃离。

测测你的安全知识

乘坐火车时，你应该怎么做？

Ⓐ　防止钱物被盗

Ⓑ　将车票与钱放在一起

安全意识指数：A.★★★　　B.☆☆☆

10.发生交通事故怎么处理

● 危险经历

一天下午，晓晓独自走在路上。她一边走一边想着下周考试的事情，丝毫没有意识到危险正在靠近。一辆轿车从她身后驶来，由于靠得太近，晓晓被刮倒，车轮轧在晓晓的鞋上。她的左脚被卡在车轮下，晓晓感到一阵剧痛。司机见晓晓还能一瘸一拐地走路，就给了她200元钱，和她"私了"此事。回到家后，晓晓觉得脚疼得厉害，而且看上去有些红肿。妈妈见状，立即带她到骨科医院检查，拍片显示脚部骨折。妈妈教育晓晓，以后遇到交通事故不能再"私了"了。

● 安全预防小办法

1. 遭遇交通事故，一定要记下对方的车牌号、车身颜色及特征、司机姓名以及联系方式，必要时打110、120求助。

2. 发生事故后，可向周围的大人求助，出现严重伤害应及时去医院就医，以免耽误最佳的治疗时机。

3. 不要认为受伤是小事情，即使当时感觉没事也不要"私了"，防止以后伤情恶化找不到肇事者。

4. 从报案到交通警察到来之前要保护现场，不要移动现场物品，可先用手机拍下事故现场，记下目击者的姓名和联系方式。

5. 在警察查完现场后，一定要保留事故报告，以及警员的姓名、编号、所属分局及联系方式等。

● 这样做很危险

发生"二次事故"

所谓"二次事故"，是相对于"一次事故"而言的。发生事故后，如果我们处理不当，极有可能与过往车辆再次发生交通事故。例如，我们本来在第一次事故中没有受伤或受伤较轻，却因自己或客观原因又被后面、侧面的车撞击受伤，进而造成更大的伤害。因此，发生交通事故后，切忌随意走动和张望，一定要在确保安全的情况下行动。

● 安全小备注

如果发生事故，要记下交通方向、交通灯的信号、行车线、交通标志及碰撞位置，能用手机拍摄事故现场及车碰撞的部位更好。如果肇事者心存侥幸，想逃避责任，应请公安机关及交通管理部门处理，不要因为阻拦逃逸车辆而不顾自己的安全。此外，事故发生后应该注意其他关联的风险，例如，当心其他易燃物品和危险物品，防止燃油泄漏、爆炸等。

测测你的安全知识

发生交通事故，你应该怎么做？

Ⓐ 记下车辆和司机的信息

Ⓑ 和对方车辆"私了"

安全意识指数：A.★★★　B.☆☆☆

11.面对骚扰如何应对

● 危险经历

早晨，莎莎穿着短裙去上学。公交车比较拥挤，车刚启动一会儿，莎莎突然感觉臀部被人抚摸，扭头一看是一个戴墨镜的男人正摸她的臀部。莎莎厌恶地瞪了他一眼，往车厢后部走了几步。几站过后，那个男人居然又站在她后面。莎莎下意识将身体往前倾。果然担心的事情还是发生了，她感觉到裙子下有什么东西在动，低头一看，原来是那个男人将一只手伸进她的裙子里，在她的大腿上摩挲。莎莎担心自己无法与这个男人对抗，等车到站后就赶紧下车了。

● 安全预防小办法

1.衣服要贴身合适，这样不容易走光，也防止周围的人想入非非。

2.在公共场合，下蹲、弯腰的时候要注意前后不要走光。

3.穿裙子坐着的时候，要保持正确坐姿，不要岔开双腿或者跷起二郎腿。

4.如果身旁异性的手机摄像头对着你时，要小心被偷拍。

5. 如果空间允许，在车上尽量找一个角落站立，或者与周围的人保持一定的距离。

● 这样做很危险

面对骚扰"沉默是金"

性骚扰多发生在女孩身上。很多女孩出于保守的性格，往往羞于启齿。但是，不管是对自己还是对其他人，沉默会带来更大的危害。因为沉默会被认为是胆怯、暧昧的态度，对方会觉得有机可乘，更加纠缠不休、得寸进尺。因此，面对性骚扰要克服自己的心理障碍，勇于做出积极的反抗。

● 安全小备注

乘坐公共交通工具时，要偶尔左右扫视，提防不良企图者，一旦发现，可以选择躲避。对有性骚扰企图的人，首先要用眼神表达自己的不满，或者用言语提出警告，例如，"你在干什么""你偷我东西干吗"，引起大家的注意。如果对方没有收敛，可以毫不客气地使劲儿踩他的脚，或者用肘部使劲儿顶他。如果对方仍不停手，可用手机暗地拍下过程和骚扰者的相貌，拨打110报警。

测测你的安全知识

在公交车上遭到性骚扰，你应该怎么做？

Ⓐ 忍气吞声

Ⓑ 用言语提出警告或狠踩对方脚

安全意识指数：A.☆☆☆　　B.★★★

12. 女孩外出要保持警惕

● 危险经历

嘉欣一个人坐火车去上海找姑姑玩。在去上海的路上，坐在她对面的是一位男青年，时间一长，两人就你一问我一答地聊了起来。原来男青年是上海本地人。火车到站后已是晚上10点，男青年主动帮嘉欣拿拉杆箱，还热情地表示要送她一段以尽地主之谊。两个人边走边聊，嘉欣没有丝毫防备之心，更没有注意到周围的行人越来越少。就在这时，男青年猛地抱住嘉欣往路边的草丛里拖，嘉欣这才意识到遇见了坏人。幸亏嘉欣学过防身术，奋力挣扎半天，终于摆脱了男青年。

● 安全预防小办法

1. 外出前要告诉父母、同学、室友或其他熟人自己去哪里，有没有人同行，什么时间回来。

2. 无论在任何场合，都要保持清醒，参加聚会时不要饮酒，防止落入坏人圈套。

3. 交友要特别慎重，不要见过几次就认为是朋友，不要过于轻信别人，将隐私告诉对方，以免上当受骗。

4. 被坏人抱住时，如果用手掰不开对方的手，可以尝试用嘴咬或指甲抓，或者用力踢他的要害部位。

5. 随身携带防身喷雾器，危险情况下可以用来防身。

● 这样做很危险

陌生人带路

不论是给陌生男人带路，或是让陌生男人带路，还是和陌生男人外出、拼车及搭乘陌生男人的车等，都可能将自己置于危险的境地。做好事、向别人求助等，都要考虑各种潜在的危险。同时，还应该注意不要贪近走小道、走暗巷，夜间不要走昏暗的街道或楼梯，最好选择有灯光或来往行人较多的路走。

● 安全小备注

如果已被色狼纠缠，首先要喊叫出来，这样做不仅是为了让色狼害怕，还能向周围的人求助。

如果已受伤害，不要急于清洗，第一时间去医院验伤，然后迅速报警。侵犯者身上的衣服碎片、指甲里的血肉、皮屑等都是有力的证据。

测测你的安全知识

女孩独自外出，怎样做才安全？

Ⓐ 保持清醒，不喝陌生人给的饮料

Ⓑ 给陌生人带路

安全意识指数：A.★★★　B.☆☆☆

13. 遇到坏人如何机智报警

● **危险经历**

思炜的手机丢了，捡到手机的人是一名男子。他在归还思炜手机时，希望和她交个朋友。对方见思炜不太情愿就强行将她带到一间平房，手机也没有还给她。思炜被困后，决定改变策略，向男子求饶并且与他聊天。经过一番交流，男子渐渐放松了警惕。深夜，思炜起床上厕所，她透过窗户看见有路人在外面，急中生智地小声呼喊"救命。"路人帮思炜报了警，没多久，两个民警赶过来救出了她。

● **安全预防小办法**

1. 遇到坏人，首先不要硬碰硬，要用智慧和他们周旋，然后想办法脱身。

2. 牢记保护自己的生命安全最重要，必要时可以舍弃财物。

3. 佯装服从，拖延时间，然后伺机迅速报警。

4. 报警前应多观察外界情况，如外面有无说话声、车铃声、走动声等，这样有利于准确报警。

5. 与坏人在一起时，可以尝试用隐语（异常信息）巧妙地报警或向外界（如家人、老师、朋友、同学等）传递信息，记住尽量不露声色。

● 这样做很危险

报警就拨110

报警不是只有拨打110一条求助途径，遇到坏人的多数情况下，拨打110不太现实，如果没有拨通就被坏人发现，会带来很大的危险，甚至失去以后报警的机会。因此，我们可采取一些变通的办法提高报警的成功率。例如，我们可以将父母的电话设置成快捷键；记住家庭或学校管片派出所的电话，因为各片区派出所的报警电话都是24小时人工接听的；给居住小区的物业管理公司或保安部打电话，也许不仅能帮忙报警，还能给予其他帮助。总之，110电话不是唯一的报警途径，只要是熟悉的电话号码，都可以试一试。短信、微信、微博私信等也可以使用，但即时性不如电话。

● 安全小备注

遇到坏人后，可以装作突然肚子疼提出上厕所，或说"我太饿了想吃点儿东西"，或带他们去找贵重物品。记住，没有机会就创造机会报警。同时，可以把求救信息写在物品上，然后扔出或挂出去；可以通过响声报警，如将物体推倒或利用物体相互撞击发出响声，以引起行人、巡警等注意。如果是晚上，还可以用光亮报警，利用可以发亮的东西（如手电、火光、灯光等）向外界传递呼救信息，逃跑时尽量朝有灯光的地方跑。最近或最方便的派出所是首选，巡逻值勤的巡警、交警是救星。

测测你的安全知识

遇到坏人，你想报警时应该怎么办？

Ⓐ 观察周围情况寻找报警机会

Ⓑ 通过光亮、声音等引起他人的注意

安全意识指数：A.★★★ B.★★★

14.路遇抢劫怎么办

● 危险经历

晚上10点多，羽超骑车走在回家的路上。刚拐进胡同，就看到3个青年走在路边，他以为是回家的人，可没想到，其中一个人手里突然亮出一把约30厘米长的刀子，对着他。另一个人对他说："有没有钱？搞几个钱来用。"羽超当时很害怕，把兜里仅有的100多块钱掏出来递给他们。他们看羽超确实没有什么钱，就把他的车夺过来骑走了。

● 安全预防小办法

1. 外出尽量结伴而行，不要独自到行人稀少、阴暗、偏僻的地方。

2. 尽量避免深夜滞留在外或晚归，晚上抢劫的发生率明显高于白天。

3. 出门或外出游玩时，不要随身携带太多现金和贵重物品。

4. 乘车最好选择正规的公共交通工具。

5. 不要贪图小便宜，有些抢劫实施之前会有一些诱惑性的陷阱。

6. 看到陌生人要留意其举动是否可疑，如果一时不能确定，要想方设法验证。

7. 平时学习一些擒拿格斗的防身本领，关键时刻也许用得上。

● 这样做很危险

要钱没有，要命一条

    路上遇到抢劫的情况，应针对当时的情形，灵活采取不同的对策。如果拒绝对方的要求，可能会激怒对方，威胁到我们的人身安全。因此，除非环境对我们有利，否则不要选择硬碰硬，尤其是在行凶者情绪已失控的情况下。在四顾无援的情况下，干脆地掏钱给对方，甚至打开钱包让对方看一看，也许他就死心了。

● 安全小备注

    遇到抢劫时，能逃脱时最好迅速逃脱，暂时无法逃脱的要与其周旋，迅速捕捉抢劫者的各种特征，如身高、体型、肤色、相貌、口音、衣着、随身携带的物品等，如果有可能最好留下抢劫者的实物罪证，这些线索都有利于案件侦破。

    一旦脱离险境，一定要报警，千万不能因为损失不大或对破案无信心就不报警。报警时简要讲明案发时间、地点、损失财物的情况、犯罪嫌疑人人数、作案使用的工具等，并且留下自己的姓名、住址和联系方式。这样如果哪天案件侦破了，我们的财物也可能物归原主。

测测你的安全知识

如果遇到抢劫，你应该怎么做？

Ⓐ 记住抢劫者的特征

Ⓑ 脱离险境后赶紧报警

安全意识指数：A.★★★　B.★★★

15.目睹偷窃怎么处理

● 危险经历

下午放学了，李晨在公交站等着坐公交车回家。这时，他看到一个背着书包的女同学走了过来。女同学的后边有一个人尾随着，眼睛一直盯着她的书包。没过多久，李晨看到那个人将手伸进女同学的书包里，还用衣服遮掩着，原来是小偷打算偷东西。李晨下意识地大叫一声，小偷马上把手缩回去，瞪了他一眼。

此时，公交车进站，好在李晨上车后小偷没有跟上来。坐稳后，李晨后怕起来："小偷会不会带凶器？如果他拿刀报复我怎么办？"

● 安全预防小办法

1. 看到有人偷东西，记住他的模样，这样有利于事后报警。

2. 提醒被偷的人。我们可以上去热情地打招呼，装成认识的样子，这样可能会把小偷吓走。

3. 在确保自身安全的情况下，故意大叫，假装称自己东西被偷了，达到提醒周围人的目的。

4. 在公交车上遇到小偷，可以通知公交车司机，让他通知车上乘客注意随身物品。

5. 暗中打电话给110报警，注意不要被小偷发现你的举动。

● 这样做很危险

大声呼叫"小心小偷"

遇到有人偷窃，大声呼叫"小偷""小心小偷"或者大声拨打110报警等是非常危险的。一般小偷都不会单独行动，常常两个人一起行动，一明一暗，所以我们不能只顾正在行窃的那个人。那么，如何制止小偷偷窃或者提醒被偷的人呢？除了上述提到的方法外，我们还可以咳嗽或"无意"触碰以暗示被窃者。

● 安全小备注

小偷偷东西可能除了我们看到，别人也可能看到。之所以看到的人保持沉默，有时候是担心小偷或同伙报复、伤害自己。所以，在看到盗窃行为时，我们告知旁边的人可能得不到帮助，而且旁边的人也不能排除是小偷同伙的可能性。

包括咳嗽在内的能引起别人注意的行为，既可以提醒被窃者和小偷"你被盯上了"，同时也能保护我们自己的安全，尤其是当我们一个人的时候。

测测你的安全知识

遇到有人偷窃，你该怎么办？

Ⓐ 大声喊"抓小偷"，直接制止小偷的行为

Ⓑ 悄悄地通知相关人员，如司机、警察等

安全意识指数：A.☆☆☆　　B.★★★

16.人多的场合要学会防盗

● 危险经历

周末的一天，雪雪和同学小娟一起逛街。两人走出商场的时候，雪雪想给朋友发个微信，一摸口袋，发现手机不见了。小娟用手机拨打雪雪的电话，得到的反馈是已关机。雪雪不甘心地回去找了一遍还是没有找到。雪雪想起来刚才自己选衣服的时候，有个人在身边挤来挤去，看来手机是被偷了。

● 安全预防小办法

1. 在人多的场合，要提高警惕，与陌生人保持一臂距离。

2. 逛街时，钱包、手机等不要放在外衣口袋里，应该放在贴身内兜。

3. 拥挤的时候，要特别注意财物，如果被挤到、碰到首先要检查自己的手机和钱包。

4. 聚会就餐时，随身物品和衣服等要尽量靠身边放，使其始终处于自己的视线范围内，手机不要随手放在桌子上。

5. 在人多的公共场所，不要当众翻钱包、把玩贵重的财物。

6. 钱或贵重物品不能放在包的底部或边缘，否则容易被割包偷走。

7. 在拥挤的场合，包不要离身，应放在身前，尽量不携带有明显标记的手提电脑包。

8. 不容易携带的物品，可暂时交由保管处保管，离开时记得取回。

● 这样做很危险

人多的地方接打电话

在人多的场合，如果接打电话，很容易分散自己的注意力，即使被窃也很难发现。因此，尽量不要在人多的地方接打电话，尤其是在带着包及其他物品的情况下。如果确实需要接打电话，可以选择人少安全的地方，这样能降低被盗率。

● 安全小备注

在人多的场合，必须随时保持警觉，观察四周状况，发现形迹可疑的人要特别注意，发现有人或车企图接近我们时，应该马上远离。小偷寻找行窃目标时，一般会东张西望，只关注别人的衣兜、背包。选准目标后，他们一般要环顾四周。如果目标流动，小偷会咬住不放，紧紧尾随。有的小偷随身携带书、报纸、杂志和小提包等用以掩护作案。可见，只要我们仔细观察是可以识别出他们的。在物品被盗或者丢失时，要及时报案，这样有利于迅速组织人员进行围堵，抓获盗贼，找回被盗物品。

测测你的安全知识

人多的场合，怎样做才能有效防盗？

Ⓐ 把包放在身后

Ⓑ 尽量不在人多的地方接打电话

安全意识指数：A. ☆☆☆　　B. ★★★

105

17.遭遇拥挤踩踏场面怎么应对

● 危险经历

　　周五晚上，姜川和叔波早早来到体育馆，准备观看偶像的演唱会。演唱会进行到最后一个部分，随着主持人热情介绍知名嘉宾，场面开始混乱。人们纷纷涌向前去，大家都想近距离一睹明星的风采。没过多久，人越挤越多，安保人员的声音都喊哑了，但不起丝毫作用。姜川和叔波也被挤在其中，处于进退两难的境地，原本想占据有利位置的两人有点儿害怕了。姜川突然被推了一下，脚下一个趔趄险些跌倒，幸好被叔波拉了一把才站住。之后，他俩赶紧退出人群。

● 安全预防小办法

　　1.参加集体聚会，一定要熟悉现场所有的安全出口的位置，定时观察人员的状况。

　　2.发现人群向自己的方向涌来时，应迅速避开。例如，躲在附近的墙角或宽阔的地方。

　　3.听从工作人员的疏散指挥，随人群前进，尽量走在人群的边缘。

千万不要逆人群行进，以免被推倒在地。

4. 在行进中，两肘撑开，平放于胸前，身体不要前倾，更不要弯腰。

5. 拥挤的时候，如果发现人群骚动或有人起哄制造紧张、恐慌气氛，应马上做好准备保护自己。

● 这样做很危险

拥挤中大喊大叫

遭遇惊慌失措的拥挤人群时，不要被别人感染，跟着别人大喊大叫，这样会使场面更加失控。我们要保持镇静，千万不要被好奇心驱使狂呼乱叫，更不要搞恶作剧。

例外的情况是，一旦发现自己前面有人倒下时，要马上停下脚步，同时大声呼喊，告知后面的人不要向前挤。

● 安全小备注

当被人群推挤时，要设法靠近墙壁或者有固定物的地方。抓住固定物，借力保持安全的姿势，这样可以保证我们自己不会轻易被人群推倒，甚至被踩踏。如果被推倒，应面向墙壁，身体蜷成球状，双手在颈后紧扣，这样有利于更好地保护身体。

测测你的安全知识

遭遇惊慌失措的拥挤人群时，你该怎么办？

Ⓐ 大喊大叫

Ⓑ 设法靠近墙壁，随人群前进

安全意识指数：A. ☆☆☆　B. ★★★

18.遇到打群架如何防误伤

● 危险经历

早上，桂明走到环宇酒店门口时，看见两帮人正在打群架，相互推推拉拉。桂明想看看热闹，就在不远处站定。眼看打架的人离他越来越

近，为了防止被人误伤，桂明想赶快离开此地。不料，打群架中的一伙人误认为他是对方的人，追上他挥刀就砍。事后，被误伤的桂明被送往医院救治。

● 安全预防小办法

1. 如果遇到打群架，一定要走远点儿，防止被误伤。

2. 不要围观看热闹甚至起哄，这样容易被误伤。

3. 当警察调查打架情况时，作为现场目击人，应配合提供线索和证据。

4. 如果是同学或朋友打群架，要克制自己，切莫推波助澜，火上浇油。

● 这样做很危险

讲哥们儿义气

打群架往往是性格冲动、讲哥们儿义气等原因造成的。如果为此挺身

而出，参与相互殴打，对自己和别人都会造成伤害，甚至造成难以挽回的损失。在群体纷争面前，要学会自我克制、理智应对，不要因一时哥们儿义气害己害人。如果遇到同学或朋友与别人打群架，不要参与，应努力让双方平心静气化解矛盾。

● 安全小备注

打架斗殴常因小事而起，但容易酿成治安、刑事案件。因此，遇到有人打群架时，首先应该看看是否可以劝架，如果不能，可以尝试报警或告知他人。无论如何，都要保证自身的安全，尤其不要因劝架而被误伤。

测测你的安全知识

看到有人打群架，你该怎么办？

Ⓐ 如果是认识的人就挺身而出

Ⓑ 走远点儿，防止误伤

安全意识指数：A.☆☆☆　B.★★★

19. 小心陌生人

● 危险经历

　　暑假，晓可和妈妈一起到云南大理旅游。为了省心省时间，她们报名参加了当地的散客团，并在团里认识了一个叫文平的小伙子。路上三个人无所不谈。在一家具有民族风情的照相馆里，妈妈和晓可想合影留念，换衣服前将自己的包交给文平看管。等拍完照片后，她们发现文平不见了。为了找到文平，她们先后联系导游和宾馆前台，都没有文平的联系方式。原来，文平留在旅行社和宾馆的信息都是假的。

● 安全预防小办法

　　1. 如果有陌生人和我们套近乎，打听我们的家庭住址、电话、父母工作单位等私人信息，应该高度警惕，防止受骗上当。

　　2. 我们自己的财物不要随意交给陌生人看管。

　　3. 不要搭乘陌生人的机动车、人力车或自行车，防止落入坏人圈套。

　　4. 不要与陌生人有过多接触，多留一个心眼多一分安全。

　　5. 不要贪图小便宜，记住天下没有免费的午餐，贪小便宜往往会吃大亏。

● 这样做很危险

被陌生人跟踪时往回走或停下来

　　单独夜行时，如果感觉到被别人跟踪，为了安全起见，最好不要往回走，更不要停下来，避免与对方"照面"。特别是在偏僻的路段，要注意身后是否有人跟在不远处，如果确定有，我们可以快速通过马路甩掉对方，朝着灯光较亮、人多的地方行走，或者向周围的人求助。记住一定要随时与家人、同学或者老师保持联系，告知自己的位置。

● 安全小备注

　　对于陌生人，我们应加倍小心。如果陌生人过分"热情"地要帮忙看管我们的物品，我们应该提高警惕，防止他们伺机窃取物品。如果陌生人向我们借钱或者乞讨，不要轻易相信，慷慨的后果可能让我们难以承受。

测测你的安全知识

遇到陌生人，你会怎么做？

Ⓐ 把自己的东西交给陌生人看管

Ⓑ 不搭陌生人的车

安全意识指数：A.☆☆☆　　B.★★★

111

20.保持距离防绑架

● 危险经历

思佳去郊区找同学游玩，由于回来得太晚，从客运车站出来时发现公交车已经停运。她只好站在路边等出租车。不一会儿，一辆黑色轿车停在她身边。开车的男子问她去哪儿，说自己是跑"黑车"的，可以按照出租车的价格载她。思佳想早点儿回去，就上了车，同车的还有一个30多岁的男子。一路上，两个人主动和思佳说话，并说想和她交个朋友。思佳感觉不对，借口上厕所要下车。下车后，她向一辆出租车跑去，两名男子跑过来想要抓她。出租车司机见状，急忙带着思佳开走了。

● 安全预防小办法

1. 不要在社会上乱交一些"不良朋友"，更不要轻信别人的话。

2. 外出游玩最好结伴同行，不要单独行动，要把具体信息及时告诉父母。不要太晚回家。

3. 如果有陌生人开车停在你面前，要同他保持一定的距离，不可贴近

112

车身，更不要搭乘"黑出租"。

4. 不吃陌生人给予的东西，如饮料、水、食品等。

5. 如果感觉异样，要创造或寻找机会赶紧逃脱，千万不要犹豫。

● 这样做很危险

炫耀自己

如果我们在同学面前或人多的地方炫耀自己的富有和高消费，如名牌表、名牌服装等，可能会吸引不法分子的关注，从而导致绑架的发生。因此，平时我们穿戴应以整齐干净为原则，不佩戴贵重饰品，不穿奇装异服。

除了不能炫富，在外也不要随便谈论自己的家庭情况，比如，父母的工作情况等，否则可能招致某些坏人的嫉恨和报复。

● 安全小备注

为了预防被绑架，走路时应注意是否遭人跟踪，如果有必要，应适时求救或报警，并且随时准备应对突发变故。万一我们不幸被绑架，首先，要弄清自己所处的地理位置以及对方的意图；其次，要看看是否可以自救，必要的时候可以尝试用法律和道理劝说对方放弃绑架；最后，如果无计可施，应注意保存体力，等待更好的求救机会。

测测你的安全知识

怎样做才能防止被绑架？

Ⓐ 外出结伴同行，尽量不单独行动

Ⓑ 吃陌生人给的食物

安全意识指数：A.★★★ B.☆☆☆

21.被歹徒劫持后如何脱险

● 危险经历

　　婧文一直觉得只有在电影或电视上才会出现劫持事件，但在现实的生活中劫持事件真的发生了。那天，她在步行街购物，刚走进商厦大门，就被一个男人一把抓住衣领，持刀劫持至一个墙角。看着明晃晃的尖刀，婧文有些害怕。闻讯而来的警察赶到现场，谈判人员开始与男子谈话。10分钟过后，婧文感觉男子的手劲儿松了一些，刀离得远了一些，逐渐冷静下来，她感觉到有警察正在向她示意。30分钟后，警察趁男子不注意，冲上前用胳膊架住了他的脖子，婧文下意识地一推，终于逃脱了魔爪。

● 安全预防小办法

　　1. 如果被劫持，不要盲目搏斗，应尽量避免激怒劫持分子。

　　2. 努力与劫持分子周旋，如告知对方筹钱取款等，使他们放松警惕，为摆脱控制创造机会。

　　3. 如果歹徒持有枪支，千万不要被其视为威胁对象，不要让枪口对着自己。

4. 不妨尝试找一些轻松的话题和歹徒聊天，说服、规劝其放弃犯罪意图，也许会产生效果。

5. 在被解救之前，最好配合歹徒要求，坚定自己能够被营救的信心。

6. 在被解救前，多进食、多饮水，保持良好的心理状态和身体状况。

● 这样做很危险

"我记住你的脸了"

如果被劫持为人质，一定要暗记歹徒的外在特征，但千万不要当面表示认识，更不要说"我记住你的脸了"这样刺激对方的话，以免其狗急跳墙下毒手。此外，如果盲目呼救，歹徒可能担心暴露而"撕票"。

● 安全小备注

有时候，我们被劫持是有与家人通话机会的，歹徒在场时要暗示自己所处的地点或行踪，在电话中巧妙地告知或拖延时间，为公安机关查找歹徒所在的地点提供可能的机会。得知救援人员到达时，做好充分准备逃脱歹徒的控制。观察周围的环境和物品，寻觅藏身之所，以躲避枪击的伤害。如果歹徒与警方发生冲突，最好在原地趴下，不要盲目地乱跑，以免增加发生危险的概率。

测测你的安全知识

如果被歹徒劫持，你应该怎么办？

Ⓐ 与歹徒搏斗，硬碰硬

Ⓑ 尽力配合歹徒的要求，并寻机巧妙地向外界传递信息

安全意识指数：A.☆☆☆　B.★★★

第四章

意外伤害懂急救

01.刀伤的紧急处理方法

● 危险经历

皓皓晚上读书累了，到厨房想看看有什么能吃的东西。打开冰箱一看，只有苹果，但是他怎么也找不到水果刀，只找到一把切菜刀，他打算用切菜刀来削苹果。由于皓皓从来没使用过切菜刀，更不用说用它削水果了。他笨拙地尝试了几次后，一不小心割到了手，而且伤口还很长，一直不停地流血，怎么才能立刻止血呢？

● 安全预防小办法

1.小伤口一定要处理干净，例如，用清水或生理盐水冲洗，避免感染。

2.包扎伤口前可使用医用酒精、碘酊等消毒伤口。注意不要用刺激性太强的消毒药水或消炎药。

3.伤口较大时，用消毒纱布（不是棉花）覆盖包扎伤口，这样有利于快速愈合。

4.伤口包扎时要留有一定空隙。伤口接触空气更易于快速愈合，同时不会阻碍血液循环。

5.伤口较大或血流不止时，千万不能直接冲洗，应该先止血，再用干净纱布包扎。

6. 定期换药、换纱布，不要清除伤口上的组织液形成的黄色薄膜。保持创面干燥，尽量不要碰水。

● 这样做很危险

刀伤可以用止血药

如果伤口较大较深、流血较多，尽量不要使用云南白药等止血药，否则不仅会刺激伤口，而且还会盖住创面。刀伤比较严重时，应去医院处理。在家处理严重刀伤，会为医生的诊断观察造成不便，而且还会为再次处理带来麻烦。

● 安全小备注

如果刀伤比较严重，首先要做的就是止血。

● 可以用纱布或毛巾等在伤口上施压，直到不流血为止，再用力将伤口包扎起来。

● 可以找到止血点（伤口附近靠近心脏的动脉点），用力按住或用布条、绳子等绑上，从而减少出血量，记住千万不要扎紧、扎死，隔15分钟松开一次。

以上是刀伤自护的方法，如果出现止不住血、红肿热痛等现象，一定要尽快到医院就诊，必要时看急诊。

测测你的安全知识

如果被刀割伤，你该怎么办？

A 用清水或生理盐水冲洗

B 用干净纱布包扎

C 刀伤严重时先止血

安全意识指数：A.★★★ B.★★★ C.★★★

02.发生骨折怎么处理

● 危险经历

　　下午2点，学校操场上正在进行足球比赛。彦冬是班里的主力，所以他格外努力。在带球突破时，彦冬被对手断了球，对手踢到了他的小腿。倒地后，彦冬感到疼痛难忍。当他习惯性地想用手揉捏受伤部位时，被赶来的校医制止。校医初步诊断后将彦冬的伤口固定，送往医院。经医院诊断，彦冬是胫骨骨折。

● 安全预防小办法

1. 如果不能确定是否骨折，一般按照骨折来处理比较妥当。

2. 如果骨折伴有伤口，应该用止血带或布带包扎好伤口并进行止血。

3. 骨折最好用夹板固定，如果没有夹板，可以用木棍、树枝等固体物代替。

4. 如果骨折端外露，尽量保持现状，千万不要随意移动骨折端。

5. 做好骨折固定后，才可以移动位置。

● 这样做很危险

骨折后还没固定好就移动

　　发生骨折时，如果我们自己没有经验或一时救人心切，没有使用恰当的急救方法，可能会造成不良后果。例如，颈椎骨折，如果不固定就移动，可能会使颈部脊髓受损，严重时会抑制呼吸；胸腰部脊柱骨折，如果不恰当固定就移动，可能会损伤胸腰椎脊髓神经，发生下肢瘫痪；四肢骨折，如果不固定就移动，可能造成骨折端刺破局部血管，导致出血。

● 安全小备注

　　发生骨折后，用夹板固定时不要过紧，最好在木板和骨肉之间垫松软的东西，再用带子绑好。如果是上臂骨折，可用前后夹板固定；如果是前臂骨折，可在前臂及腕部背侧放置夹板，屈肘悬吊前臂于胸前；如果是小腿骨折，可在内外侧分别放夹板缠绕固定。

测测你的安全知识

如果发生骨折，你应该怎么办？

Ⓐ 用夹板或其他东西固定患处

Ⓑ 在夹板和骨肉之间垫松软的东西

Ⓒ 如果出血，使用止血带包扎止血

安全意识指数：A.★★★　B.★★★　C.★★★

03.脱臼的处理方式

● **危险经历**

　　下午上完课，海波约了几个同学一起去打篮球。过了一会儿，海波感觉累了，在一次抢断后被对方绊倒。队友过来拉他，他顺势一使劲儿，突然感到一阵剧痛，右手想抬却抬不起来了。队友们见状迅速围过来，有的照顾他，有的去招呼出租车送海波去医院。医院拍片检查后发现，海波右手手肘脱臼。

● **安全预防小办法**

　　1.为了防止脱臼，运动前要让各个关节得到充分的活动。运动时要注意保护关节部位，尽量不做危险动作和直接冲撞。

　　2.脱臼常发生在肩、髋、膝盖、肘等关节处，也可能发生在手指、脚趾等小关节上，我们平时都要注意。

　　3.脱臼发生后，尽量不要乱伸乱扭，先冷敷，用绷带固定关节后立即去医院进行矫正治疗。

　　4.不要随意地复位，以免引起血管或神经的更大损伤。

　　5.脱臼后的关节需要时间恢复，此期间不要频繁或动作幅度过大地活动受伤的关节。

● 这样做很危险

脱臼后强行复位

　　关节从关节囊内脱出，我们自己活动可能会受到限制。如果强行复位，可能会对周围的组织造成一定的挤压，进而加重伤势。因此，脱臼后应该限制活动，不要自己强行复位。正确的做法应该是将脱出的骨端放回原处，固定后尽快请医生复位。

● 安全小备注

　　肩关节是发生脱臼最常见的部位。当肩关节发生脱臼时，应该马上使患肢内旋于胸前，在腋窝处垫一个薄垫，用三角巾悬吊或将上肢用绷带与胸部固定。

　　脱臼的胳膊不要进行任何活动，以防发生骨折，加重伤势。

测测你的安全知识

如果发生脱臼，你该怎么办？

Ⓐ 先冷敷，再用绷带固定关节

Ⓑ 不要做任何活动

Ⓒ 及时请医生复位

安全意识指数：A.★★★　B.★★★　C.★★★

123

04.腰扭伤了怎么办

● 危险经历

　　周末上午，爸爸妈妈有事外出，留彬彬一人在家里做功课。突然，客厅的电话响起，他猛地抬头起身想去接电话，却感到一阵剧烈的腰痛。"不好！闪着腰了！"彬彬躺在床上休息了一会儿，感觉稍微好了一些，就起床准备吃中午饭。谁知吃完中午饭起身的时候，彬彬一不小心把手机碰到了桌子底下。由于腰疼使不上劲儿，彬彬尝试了两次也没够到手机，第三次使劲儿的时候，因为动作幅度大，腰部又一阵疼痛，而且比之前更严重了。

● 安全预防小办法

1. 腰扭伤睡觉时，应避免长时间保持一个姿势。

2. 长时间弯腰学习，应每小时休息10分钟。起立时动作不要过于突然，应轻缓一些。

3. 弯腰搬重物或提杠铃时，应该屈髋屈膝，手把重物或杠铃靠近身体，千万不要直腿弯腰提东西。

4. 跳跃腾空时，腰肌要保持一定的紧张度，必要时使用护腰带。

5. 搬东西时，千万不要猛地挪动或突然性地搬起，防止腰部急性扭伤。

● 这样做很危险

腰部猛发力

如果我们长期保持一个姿势，腰肌和周围的腹肌、背肌处于疲劳状态，一旦猛发力，突然做相反方向的动作，很容易拉伤。即使一个简单的动作都足以"闪着腰"。类似的情况还有很多，我们应该特别注意。比如，强行用力提举或搬动重物；运动时身体重心不稳；脊柱过度前屈，突然转体；跳远腾空落地收腹过猛；几人抬重物时动作不协调或一人突然失足；搬重物的姿势不正确或外力冲撞；等等。

● 安全小备注

腰扭伤后要卧床安静休息，保持舒适的姿势，以不痛或疼痛减轻为宜，应避免仰躺、双脚伸直这种姿势。最好睡硬板床，上面铺上软垫，腰下垫一软枕。休息至少一周时间，保证腰部受伤组织得到充分恢复。

如果扭伤严重，腰部呈持续性剧痛，甚至不能直腰，不敢喘气，应到医院就诊，按照医生指导用药。

测测你的安全知识

如果你的腰扭伤了，你该怎么办？

Ⓐ 睡硬板床，床上铺上软垫

Ⓑ 长时间仰躺，姿势固定不变

安全意识指数：A.★★★　B.☆☆☆

05. 崴了脚怎么办

● 危险经历

一天，李粟和朋友在体育馆打篮球。当时，他起跳投篮，没想到落地时踩到了防守队员的

脚，崴了右脚。因为曾经崴过几次脚，所以李粟没有太注意，休息了一会儿，就又忍着疼痛打了一会儿球。回到家后，李粟看到桌子上还有之前没有用完的正红花油，想也没想拿起来就抹。接下来几天就"悲剧"了，李粟感到疼痛感暴增，并且出现了大量瘀血！为了恢复健康，李粟整个寒假都没有再摸过篮球。

● 安全预防小办法

1. 运动时一定要穿着适合的鞋子，比如，踢足球时穿足球鞋，打篮球时穿篮球鞋，可以保护足部。

2. 运动前要选择合适的场地，清理一下地面的石头，检查是否有坑洞。

3. 如果脚踝曾扭伤过（崴脚），戴上护踝可以预防再度扭伤。

4. 扭伤后应尽快用冷水、冰块或冷毛巾外敷，并抬高患处。

5. 一定要牢记，不要在脚踝扭伤48小时内搓揉受伤处。

● 这样做很危险

崴脚后继续走路

崴脚有时被我们认为是小毛病，有的人继续走路甚至运动，有的人则在稍微好一些后马上运动。如果扭伤未能及时治疗或没有完全康复就行走，不仅会使症状加重，还会延误治疗时机，容易落下慢性疼痛和关节失稳症，造成习惯性崴脚。如果脚踝周围的软组织也受伤了，持续走路或运动可能造成更严重的后果。

● 安全小备注

崴脚后如果条件允许，应该马上把脚放到一盆冷水里泡一会儿，睡觉的时候尽量把脚垫高。崴脚后做完简单的处理，如果有剧烈疼痛感应马上去医院就诊，确定是否伴有骨折、骨裂或其他软组织受伤。

休养两周后可进行一些康复练习，比如，锻炼肌肉力量、拉筋运动等。

测测你的安全知识

要是不小心崴了脚，你应该怎么办？

Ⓐ 继续走路或运动

Ⓑ 尽量把脚垫高，尽快冷敷

安全意识指数：A.☆☆☆   B.★★★

06. 手指戳伤的紧急应对

● 危险经历

一周前，罗峥打羽毛球时不小心将左手拇指戳了一下，他想打球戳手太正常了，一个星期肯定就好了，所以没当回事。结果事与愿违，一个星期过去了，他的手指肿胀和不适不但没有消除，手指弯曲的程度也明显小了很多，受伤的拇指弯曲时特别疼。2周后，爸爸妈妈见罗峥的手还是不见好，赶紧带他到医院去检查了。

● 安全预防小办法

1. 运动前做好准备活动，手指要多次伸张，让关节和韧带变得柔软。

2. 进行球类运动，比如打垒球、排球、篮球和手球等容易发生戳伤的运动时应特别注意。

3. 大多数手指戳伤是软组织挫伤，无须手术和固定即可康复。

4. 完全康复前应避免再次打球，因为剧烈运动会加重损伤。

5. 如果出现指间关节错位，应立即就医，检查是否发生指间关节脱位或骨折。

● 这样做很危险

手指戳伤后要保持手指不动

手指戳伤后，为帮助受伤手指康复，可以做一些练习，如握拳、伸直等，但要避免剧烈活动。我们可以用另一只手的拇指、食指揉捏戳伤的手指，屈伸手指，反复进行握拳、张开手掌练习。如果有握力器，可以锻炼一下手的握力。

● 安全小备注

如果手指被戳伤，首先保持伤指平稳不动，尽快冷敷或冰敷缓解疼痛。冰块最好用毛巾包住，受伤第一天每小时敷20分钟，然后用纱布或橡皮膏将伤指包扎好，尽量保持伤指抬高，减少肿胀。如果受伤比较严重，可以用胶带将伤指和相邻手指固定在一起，必要时去医院检查。

测测你的安全知识

如果手指被戳伤，应该怎么处理？

A 不处理伤口，继续打球

B 尽量保持伤指抬高，及时就医

安全意识指数：A.☆☆☆　B.★★★

07. 刺伤或扎伤如何处理

● 危险经历

　　一次，昊博和同学到郊区游玩，路过农家院就进去采摘葡萄。一进葡萄园，昊博看到满园的葡萄架，便兴奋地跑来跑去。突然，昊博觉得脚底疼痛，一看是一根钉子穿透鞋底，把脚扎伤了，伤口流了很多血。在附近找到活水后，他将伤口冲洗了几遍，涂上些自带的消毒药水，便没在意。一星期后，昊博突然出现头痛、牙关紧闭、全身抽搐等症状，被送到医院后确诊为破伤风。

● 安全预防小办法

　　1. 被刺伤或扎伤伤口较深，尤其是被玻璃碎片、铜铁制品扎伤一定不要在家自行处理，否则患破伤风，要第一时间到最近的医院处理，注射破伤风针。

　　2. 处理伤口时，一定要用力在伤口周围挤压，挤出瘀血与污物，再进行消毒处理。

　　3. 如果刺伤或扎伤的东西一端裸露在皮肤外，可用消毒后的镊子将其夹出。

4. 若刺伤或扎伤的东西全部深入皮肤，可用消毒后的缝衣针轻轻挑出或挑开伤口后再用镊子夹出。

● 这样做很危险

药水用得越多越好

对于被刺伤或扎伤的伤口，消毒是必需的，但如果我们认为使用药水（如双氧水、碘酒、酒精等）多多益善，那就大错特错了。因为刺激性的消毒药水会减少白细胞活性、破坏肉芽组织，还可能留下瘢痕。比较安全的做法是用生理盐水冲洗伤口，再用消毒药水简单消毒。

● 安全小备注

皮肤一旦被刺伤或扎伤，处理一定要快而彻底，在伤后6～8小时内一定要处理伤口。轻微的表皮擦伤，不必用创可贴，用碘酒或酒精涂一下即可。小而浅的伤口如果没有污染，可用创可贴或干净的纱布包扎。如果伤口很大很深，应去医院注射破伤风针。

值得注意的是，创可贴不是万能的，以下情形就不适用：深的伤口，因为伤口内的分泌物、脓液需要排出；动物咬伤的伤口，因为伤口内的毒汁和病菌不能蓄积；污染较重的伤口，因为使用创可贴容易引发或加重感染。

___

测测你的安全知识

如果被刺伤或扎伤，你该怎么办？

Ⓐ 用力挤出瘀血与污物，再用生理盐水冲洗

Ⓑ 不处理伤口，直接贴上创可贴

安全意识指数： A.★★★　　B.☆☆☆

08.牙疼怎么办

● 危险经历

这两天，海良连着吃了两顿涮羊肉。吃完没多久，海良就感觉牙床全肿了起来，舌头一碰上牙床就疼得不行。晚上睡觉的时候海良又生生被疼醒了，刷了几次牙都无济于事，折腾了一宿没睡。第二天一早，妈妈就带海良去医院检查了。

刷牙

盐水

● 安全预防小办法

1.平常要采用正确的方法刷牙，每天至少刷两遍，刷牙时间大约3分钟。

2.少吃辛辣、过冷、过热的食物，以免刺激牙神经。

3.多补充些含钙丰富的食物，多吃鱼、蛋和奶制品，保持牙齿健康。

4.每隔几个月要更换牙膏的品牌或类别，防止口腔细菌对同一种牙膏产生"适应性"。

5.如果牙疼，可反复多次地用盐水漱口，起到杀菌消炎的作用。

6.牙疼的时候，可尝试用冰袋敷在口腔外面以缓解疼痛，但急性牙髓炎例外。

● 这样做很危险

牙疼时不能刷牙

引起牙疼的原因有很多，其中比较常见的就是不重视口腔卫生。有的人一牙疼就不敢刷牙，如果不刷牙就会加重病情。因此，牙疼也要坚持刷牙，只是注意速度不要太快，时间不要过长。

● 安全小备注

牙疼常常伴有一些牙周疾病，例如，急性牙髓炎、急性根尖周炎、急性牙周炎、牙周脓肿等，需要及时到正规医院进行检查治疗，以免延误最佳治疗时机。有些牙疼与牙体敏感、食物嵌塞等有关，应避免冷、热、甜、酸等刺激，将被嵌塞的食物取出来，牙疼就会消失。

测测你的安全知识

牙疼时你应该怎么办？

Ⓐ 用盐水漱口

Ⓑ 不刷牙

安全意识指数： A.★★★　B.☆☆☆

09. 冻伤后如何处理

危险经历

头天晚上下了一夜的雪，周悦和辛雯相约去公园玩。两个人玩得十分尽兴，打雪仗、堆雪人、滑冰……快吃中午饭时，周悦才发现

自己的手已冻伤，关节都肿起来了，手伸不直，手指头全部僵硬了。回到家，周悦马上用热水泡手，可是也缓解不了冻伤，该怎么办呢?

安全预防小办法

1. 天气寒冷时，不宜在外边待太长时间，防止身体冻伤。

2. 冬天在室外活动时，一定要注意保暖，戴上手套、耳套等。

3. 冻伤后应抓紧时间尽早复温。注意复温时温度不要太高，恢复速度不要太快。

4. 严重的冻伤部位可涂敷冻伤膏。

5. 冻伤很容易复发，所以如果以前有过冻伤，应特别注意预防。

● 这样做很危险

用热水浸泡冻伤的手脚

　　手脚冻伤时会有麻木的感觉，身体温度会降低。为了解冻，很多人会选择用热水浸泡冻伤的手脚。但是将冻伤的手脚泡在热水中，可能会对手脚的肌肉组织造成伤害，使其变得肿胀、又痛又痒，甚至长冻疮。正确的做法是用温水浸泡，有条件的话可以使用暖炉隔空慢慢回温，千万不要在火上烤，否则也会生疮。如果冻得不严重，也可以自己用双手摩擦搓动发热。

● 安全小备注

　　对冻伤的身体进行复温时要注意浸泡时间不要太长，皮肤在温水中转红、肌肉组织变软即可。如果是脸部或耳朵冻伤，可用温水浸湿毛巾，然后进行热敷。

测测你的安全知识

被冻伤后，你该如何处理?

Ⓐ 用热水快速复温

Ⓑ 将冻伤的部位置于温暖的地方

安全意识指数: A.☆☆☆　　B.★★★

10.烫伤后如何处理

● 危险经历

　　为了多玩会儿篮球，中午一下课，晓光就立刻拿起饭盒跑着去食堂打饭。打好了饭，还没来  得及盖好饭盒盖，他就被身边一个同学碰到了手臂，滚烫的汤从饭盒里洒了出来，他的手臂和腿几乎同时感觉到火辣辣的疼痛，仔细一看，身上有好大一块儿皮肤被烫伤。

● 安全预防小办法

　　1. 从炉火上移动开水或热油时应该戴上隔热手套或者使用布衬垫。

　　2. 盛放热水、热汤的锅碗瓢盆要放在不容易碰到的地方，并且要保证平稳。

　　3. 开水瓶、饮水机等最好放置在低处。

　　4. 使用冬季防寒取暖用品（例如热水袋、暖手宝等）时，要特别注意温度，而且要防止泄漏或破裂。

　　5. 从微波炉、烤箱、电蒸箱中拿取食物时，要戴上隔热手套或者使用布衬垫。

● 这样做很危险

烫伤后的水疱要挑破

一般烫伤后会形成水疱。很多人认为挑破水疱可以加速伤口愈合，这种做法是错误的。因为即使是烫伤的表皮，也能抵御细菌的侵入，如果挑破则有发生感染的危险。尤其是水疱很小时，我们完全没有必要挑破它。如果水疱过大，则应到医院请医生处理。

● 安全小备注

烫伤后，如果烫伤面积不大，可以按照以下方法处理：

● 用流动的清水冲洗伤口或冷敷伤口15～30分钟。

● 去除烫伤部位上面的衣物（如果有的话），然后用治疗烫伤的药物涂抹伤口。

● 用清洁干净的医用纱布包扎受伤部位。

如果烫伤面积较大，最好不要自行处理，应立即到医院就诊。

测测你的安全知识

被烫伤后你该如何处理？

A 用针挑破水疱

B 伤口面积不大时，用流动的清水冲洗或冷敷

安全意识指数：A.☆☆☆　B.★★★

11.烧伤的处理方法

● 危险经历

这天，晨旭独自在家，想煮碗方便面吃。锅里放上水后，他开始打火。第一次没有成功，第二次也没有成功，此时他闻到了一点儿燃气的味道，第三次他刚转动按钮，正要停顿一下，突然，"砰"的一声火苗腾空而起，足有一尺多高。没来得及躲避的晨旭感到脸上火辣辣的，自己照镜子一看，脸全部被熏黑了，眉毛也变短变少了。幸运的是，他的脸上没有被烧伤，没什么大碍。

● 安全预防小办法

1.平时要注意生活中的易燃物，掌握安全的操作方法。

2.如果烧伤不严重，可以用流动的清水冲洗受伤部位，以降低皮肤表面的热度。

3.如果有衣服粘在伤口上，应泡湿衣服后小心除去；烧伤严重时，要剪开衣服，尽快就医。

4.保持创面清洁，不随意涂抹东西，这样有利于防止感染。

5.用干纱布、清洁的床单或衬衫等盖住伤口，切勿揉搓，以免破皮。

● 这样做很危险

烧伤后往伤口上涂黄油或牙膏

　　发生严重烧伤时，不要用黄油或牙膏等涂抹伤口，否则不仅会增加感染的可能性，还为后期的医生处理增加了困难。如果出现水疱，不要挑破，等待伤口自然痊愈。

● 安全小备注

　　不注意安全用火、摆弄火柴或用打火机取火玩耍，都可能引起自己或他人烧伤。在家里点燃煤气或炉灶的方法不当，也可能导致烧伤。当衣物着火时应迅速脱去，或就地打滚压灭火源。记住千万不要大声呼喊或奔跑。如果伤口不严重，可用冷水或冰水冷却伤口。

测测你的安全知识

如果不小心被烧伤，你应该如何处理？

Ⓐ 轻轻地用冷水或冰水冲洗伤口

Ⓑ 涂抹牙膏

安全意识指数：A.★★★　　B.☆☆☆

12.异物进眼怎么办

● 危险经历

　　星期天，赵越随父母一起去爬山。爬到山顶时，赵越累得满头大汗，突然起了一阵山风，赵越的眼睛进了沙尘。妈妈知道后，不许他用手揉眼睛，帮他吹了几次眼，可惜没能把沙子吹出来。爸爸说用水冲一下，但是妈妈担心矿泉水不卫生。赵越自己眨了几次眼睛，没过多久眼泪流出来，把沙尘也冲了出来。

● 安全预防小办法

　　1.如果身边有眼药水（滋润类或消炎类均可），可以滴一点儿眼药水冲走异物。

　　2.睁大眼睛，身体稍微前倾，干咳几下，通过身体内部的震动将异物震出来。

　　3.微闭双眼，再慢慢半睁双眼，反复做几次这样的动作，泪液可以将异物冲洗出来。

　　4.可以让别人帮忙翻开眼睑查看异物的位置，用消毒棉签小心地把异物轻轻粘出。

5. 如果经过各种尝试，异物仍然滞留在眼睛里，应尽快去医院处理。

● 这样做很危险

用力地揉眼睛

当有异物入眼时，我们可能会习惯性地用手去揉眼睛，这样做却有一定的危险性。因为有时异物越揉越难取出来，而且揉眼睛还可能把飘浮在眼球表面的异物揉搓到角膜上，在揉的过程中损伤角膜，引发眼部感染。

● 安全小备注

当我们眼睛疲劳或干涩发痒时，不要用手揉，可以稍微闭上眼睛休息一下。多眨眼也可以刺激泪水分泌，缓解疼痛。如果需要上药，应先洗干净手后再动眼睛，以免病菌通过手传染到眼睛里。

值得注意的是，如果佩戴隐形眼镜，最好不要戴着过夜。平时注意眼部卫生，如果需清洗眼睛，一定要去医院请专业医生用清水或生理盐水清洗。

测测你的安全知识

如果眼睛进了异物，你该怎么办？

A 使劲儿用手揉一揉

B 滴眼药水冲走它

安全意识指数：A.☆☆☆ B.★★★

13.小虫钻耳的应急策略

● **危险经历**

夏天的晚上，天气炎热，没有一点儿风。岩茂贪凉，睡觉前没有关窗户。睡梦中，岩茂突然感到一阵剧痛，他大叫一声被惊醒，感觉左耳进了东西。他用手在耳内掏了一下，一无所获，但是疼痛仍然存在。岩茂的喊叫声惊醒了父母，妈妈用手电仔细观察了好久，发现岩茂耳道里有东西在动，像是一只小虫子。妈妈想用掏耳勺将其掏出来，结果小虫子又往里爬了一点儿。这下全家人都慌了手脚，赶紧到医院就诊。耳鼻喉科医生通过耳镜检查，发现岩茂耳道已充血，虫子在靠近鼓膜处。经过麻醉剂喷射和生理盐水冲洗，小虫子终于被弄出来了。

● **安全预防小办法**

1.抠掏耳垢（耳屎）不要太勤，可以起到保护耳道的作用。

2.如果遇小虫钻耳，可尝试将头歪向一侧，争取将小虫倒出来。

3.当小虫钻耳后，如果听到嗡嗡作响声，应该立即用双手捂住耳朵并张嘴，这样可以避免鼓膜受伤。

4. 虫子一般喜光，可以在暗处尝试用手电筒照射耳内，可能会将小虫引出。

● 这样做很危险

虫子钻入耳朵后用手掏

天气炎热，各种各样的小虫子会多起来，有时会在睡觉或休息时钻进我们的耳朵。发生这种情况时，千万不可盲目地用手、棉签、挖耳勺、火柴棒、小夹子、发夹等东西乱掏，否则会让小虫子在耳道内越钻越深，甚至伤害耳膜，导致耳道内损伤或感染。

● 安全小备注

昆虫入耳后，可采取侧卧位将耳朵朝上，然后滴入几滴油（如香油、花生油、菜籽油、橄榄油等），过2～3分钟后将油和虫子一起倒出来。如果上述尝试没有成功，必须尽快到医院就诊，由专业医生进行处理。虫子出来后，别忘了清干净耳道。

测测你的安全知识

如果小虫钻入你的耳朵，你应该怎么办？

Ⓐ 用手或东西把小虫掏出来

Ⓑ 用光照射耳内引出小虫

安全意识指数：A.☆☆☆　B.★★★

14. 被动物抓伤、咬伤后怎么办

● 危险经历

晓光从小喜欢小狗。前几天，同学送给他一只刚满月的小狗。只要一有空，他就和小狗玩耍。夏天天气炎热，晓光想给小狗洗澡凉快一下。没想到刚把小狗放到澡盆里，伸出手去抚摩它，晓光的手就被小狗用力咬了一口。晓光的手腕上出现几个清晰的牙印，还有血渗出。他赶紧清洗伤口，先消毒，又翻药箱找碘酒。这时，晓光觉得被咬伤的手腕开始出现麻木的感觉。虽然伤口不深，但爸爸妈妈知道后还是吓坏了，立即带着晓光去医院打了狂犬疫苗。

● 安全预防小办法

1. 树立宠物安全防范意识，尽量避免与陌生宠物近距离密切接触。自养宠物应按规定接种狂犬疫苗，定期体检。

2. 一旦被宠物抓伤、咬伤，一定要在24小时内接种狂犬疫苗，以免错过最佳接种时机。

3. 与宠物在一起时，尽量穿长袖衣裤，以减少或避免被抓伤、咬伤。

4. 宠物处于发情期、进食或情绪烦躁不安时，尽量不要逗弄它。

5. 与宠物玩耍时要友善，不要恶意惊吓或虐待它，防止其突然攻击。

● 这样做很危险

只要不是猫、狗造成的抓咬伤，就不用打疫苗

我们都知道，被狗或猫抓伤、咬伤后需要接种狂犬疫苗。其实，并非只有猫、狗才携带狂犬病毒。专家研究发现，温血哺乳动物、啮齿类动物都携带狂犬病毒，被其抓伤、咬伤都须接种狂犬疫苗。同时，还要根据医生要求打破伤风针。

● 安全小备注

如果被宠物抓伤、咬伤，应该怎样进行紧急处理呢？

● 如果伤在四肢，用止血带、手帕或绳索等在伤口上方进行结扎，防止病毒随血液流向全身。

● 这是最关键的一步，挤压伤口排出污血（千万不能用嘴吸），然后用大量的清水、盐水或肥皂水进行流水式清洗，以最快的速度掰开伤口，充分暴露后深度冲洗，至少要持续15～20分钟。

● 用干净的纱布盖上伤口，切记不要包扎伤口，然后速去医院诊治，及时注射狂犬疫苗。

● 牢记一点，即使伤口未流血，只要皮肤破皮或受损，病毒就有可能侵入人体，因此千万不能掉以轻心。

测测你的安全知识

被宠物抓伤或咬伤，你该怎么办？

Ⓐ 24小时内赶紧接种狂犬疫苗

Ⓑ 挤压伤口排出污血

Ⓒ 用清水、盐水或肥皂水进行冲洗

安全意识指数：A.★★★　B.★★★　C.★★★

15.农药中毒怎么办

放学回家的路
上，丹亚路过小区
附近的菜市场，看
到红红的草莓非常
诱人，忍不住买了
1斤。到家时妈妈
还没回来，丹亚看

到草莓表面比较粗糙不好清洗，又实在是忍不住，没洗就开始吃
起来。丹亚一个接一个地吃着，一口气将1斤草莓都吃完了。晚
上9点左右，丹亚开始感觉不适，有些恶心、头痛，随后全身软
弱疲乏。妈妈马上带她上医院，医生检查后怀疑是农药中毒。

● 安全预防小办法

1.路边树上结的果实，不要摘下来直接吃。

2.街上或超市买来的水果，要彻底清洗干净后再食用。

3.瓜果外皮最好削去，蔬菜的外叶、外皮最好削去不吃。

4.为了防止农药中毒，蔬菜水果最好用水浸泡一段时间。例如，用
淡盐水或淘米水浸泡20分钟。此外，还可以用可食用的洗涤剂、洗洁精清
洗，或者用开水焯一下。

5.清洗蔬菜水果时，表皮最好不要弄破，否则残留的农药会随水进入

果实内部。

● 这样做很危险

多吃有虫眼的蔬菜瓜果，少吃好看的

是否用了农药，有虫眼或难看不是判断的唯一标准。实际上，有的水果蔬菜一旦有虫害，由于害虫的抵抗力较强，菜农、果农很可能会加大农药剂量杀虫，农药残留量会比无虫眼的更高，可见有虫眼的瓜果蔬菜也可能会有农药残留。

● 安全小备注

农药一般都有刺激性的气味，如果是喷过农药不久的水果蔬菜，仔细一闻会有一股农药味道，此时的农药残留最多，应在自然流通的空气中放置几天再食用。

如果预防不力，一旦发生农药中毒，我们必须第一时间自我急救：大量饮水，稀释农药的浓度，减缓其对身体的损害；用手指等东西探入喉咙，想办法尽快诱吐，随后立即去医院就诊。

如果发生农药中毒，你应该怎么做？

测测你的安全知识

Ⓐ 大量饮水，稀释浓度

Ⓑ 想办法诱发呕吐

Ⓒ 尽快去医院就医

安全意识指数：A.★★★　B.★★★　C.★★★

147

16.哪些食物容易引起中毒

● 危险经历

星期六中午，独自在家的涛涛饿得心发慌。他从冰箱里找到了一袋夹心面包和一瓶酸奶，没有多想就打开吃了下去。下午，涛涛出现了头昏、腹痛、呕吐、乏力等症状，连胃里的酸水都吐出来了，到了医院经医生诊断为"食物中毒"。输完液回家后，妈妈和涛涛一起把面包包装袋和酸奶瓶捡回来一看，原来早过了保质期。

● 安全预防小办法

1. 不喝生水或不洁净的水。

2. 剩饭菜和隔夜饭菜最好放入冰箱保存，食用前应彻底加热。

3. 选择新鲜安全的食品，食用前注意观察，不要食用腐败变质的食物。

4. 在食用前要彻底清洁食品，需加热的食物要彻底加热。

5. 烹饪食物要适量，尽量不剩饭菜，不吃剩饭菜和隔夜饭菜。

6. 野生食物别乱吃，尤其是含有毒素的野山芋、毒蘑菇等。

● 这样做很危险

土豆长芽或变绿了也能吃

土豆在高温、潮湿或光照下容易发芽、变绿，里面的龙葵碱含量较高。龙葵碱对人体黏膜具有腐蚀性及刺激性，对中枢神经系统有麻痹作用，能破坏血液中的红细胞。食用长芽或变绿的土豆后，会出现恶心、呕吐、腹痛、腹泻等症状，因此应当禁止食用。将土豆放在干燥阴凉的地方储藏，可以防止其发芽。

● 安全小备注

有些食物不安全，是因为其本身含有毒素，比如，有毒的蘑菇、野菜、河豚，储存不当变质的食物，受有毒有害物质污染的食物，等等。有些食物虽然生吃时会引起中毒，但经过充分烹调就可以安全食用，比如，四季豆、扁豆、豆浆等。还有些食物必须经过特殊处理方可食用，否则会引起中毒，比如，鲜黄花菜用开水焯过，再用清水浸泡2小时以上，然后洗净后炒熟才能安全食用。

测测你的安全知识

下列哪些食物容易引起中毒？

Ⓐ 煮熟的四季豆

Ⓑ 长芽或变绿的土豆

安全意识指数：A.☆☆☆　　B.★★★

149

17.呼吸道传染病的常见预防方法

● 危险经历

新学年开学，邵文十分兴奋，因为他马上就要参加军训了。可谁知军训没几天就暂停了，因为班上有20多个同学病倒了，出现发热、咳嗽等症状，邵文也没能幸免。就诊时医生告诉邵文，学校是人流密集地，再加上军训，流感很容易成规模暴发。

● 安全预防小办法

1. 平时不要熬夜，保持充足的睡眠，多喝水、多运动。

2. 呼吸道传染病高发期尽量少到人多的地方，必要时戴上口罩。

3. 讲究个人卫生，勤换衣服，勤晒被褥，勤洗手。

4. 不论是在家里还是在学校，经常开窗通风换气。

5. 与流感患者保持1米以上距离，避免近距离接触。

● 这样做很危险

得了呼吸道传染病扛一下就过去了

有的人认为呼吸道传染病如流感、新冠肺炎和普通感冒一样，都是感冒症状，扛一周就过去了。其实，呼吸道传染病和普通感冒有很大区别，患者会畏寒、高热、全身痛、头痛等，且全身症状较重。呼吸道传染病的病毒的变异性较强，可能引起严重的并发症，如脑炎、肺炎、病毒性心肌炎等，特别是对于一些患有严重疾病的人，有时候甚至可以致命。因此，得了呼吸道传染病最好不要硬扛，一定要及时到医院就诊。

● 安全小备注

如果我们得了呼吸道传染病，会出现倦怠、头疼、腰肌酸软等症状，要做到以下几点。

● 多卧床休息，尽快恢复身体的抵抗力。

● 多饮水，这样可以加快排尿，把病毒排出体外。

● 在饮食上，以粥和汤等流质饮食为主，多吃些新鲜水果补充维生素，不宜吃腥、辣、油多的食物。

● 因为口腔、鼻腔内存有病毒，所以要用温开水或温盐水勤漱口、勤刷牙，经常清洁口鼻。

● 咳嗽和打喷嚏时用手帕或胳膊肘掩住口鼻，不要把病毒传染给别人。

如果得了流感，你该怎么做？　　**测测你的安全知识**

Ⓐ 不用管它，慢慢会好的

Ⓑ 多休息，多喝水

安全意识指数：A.☆☆☆　　B.★★★

151

第五章

野外游玩要小心

01.到野外游玩要做好充分准备

● 危险经历

　　暑假中，松松报名参加了一个郊区野营登山的活动。前一天晚上，松松收拾东西的时候，想到登山时背太多东西会非常

累赘，就把妈妈给他准备的很多东西都从书包里拿了出来。第二天一早，他穿着短袖T恤、短裤、凉鞋，背着空书包就出发了。到达约定的集合地点，松松和队友开始登野山。没走多久，松松就走不动了。原来，他穿的凉鞋不适合登山，路走多了脚疼；他的短裤不能保护小腿，腿上被划出了很多条血印子。而松松的队友多数穿戴的是专业的装备。几位有经验的高年级同学对松松说："到野外游玩一定要做好充分的准备，否则会很受罪！"

● 安全预防小办法

　　1. 跟团旅游时，出发前一定要向旅行社了解应该准备的东西和完整的旅游安排。自助游应做好分工，比如，经验丰富的人担任队长，其他人分别负责衣、食、住、行等。

　　2. 根据日程安排制订周密的计划，包括出发日期、目的地、返回时间、参加人员和住宿地点等。

3. 到野外游玩要选择合适的背包，穿着合适的衣服和鞋。旅行时间和内容决定了带什么，出行天数决定了带多少衣物。记得随身携带个人身份证件。

4. 到野外游玩常备物品有：通信设备、雨具、火种、手电筒、指南针、闪光信号灯、哨子、刀具、绳索等。必要时携带睡袋、帐篷。手机一定要提前充足电。

● 这样做很危险

不管去哪里旅行，都穿一样的装备

旅行的季节和地点对旅行时的衣着装备影响较大。比如，在紫外线强烈的地方，最好戴宽檐帽、穿长袖衣裤、抹防晒霜；去大雪纷飞的地方，要戴墨镜，预防发生"雪盲"，同时做好保暖防冻的准备，可以随身携带冻伤药，穿着防寒服、雪地靴，戴雪帽，等等。

● 安全小备注

在旅行中带上一个急救包是非常必要的，可以选择一些常用药品。比如，止泻药、防暑药、驱蚊虫药、酒精、红霉素软膏、晕车药、消炎药等。同时，也要带上绷带、创可贴、医用胶布、剪刀、消毒药水、碘酒、清凉油等急救用品。

测测你的安全知识

为了安全起见，野外旅行之前应该做好哪些准备？

Ⓐ 穿着合适的衣服和鞋

Ⓑ 带雨具、手电筒、手机、指南针等

Ⓒ 准备急救包

安全意识指数：A.★★★　B.★★★　C.★★★

02.郊游须注意的安全事项

● 危险经历

这天，皓皓的学校组织同学们去郊游。中午，天空下起了细雨，但下雨丝毫没有影响到皓皓和同学们的好心情，大家一路上说说笑笑。爬过两个山坡后，他们来到一处开阔的平地。皓皓发现路边有一块大石头，站在上面可以拍到山下的美丽景色。于是，皓皓跳到了石头上。正当皓皓忘情地拍摄时，突然脚下一滑，差点儿摔下去，幸好被路边几株灌木挡住了。

● 安全预防小办法

1. 外出郊游时最好穿着运动鞋或旅游鞋。

2. 不要到危险的地方玩耍、游戏、拍照，以免发生意外。

3. 不要在途中玩过激或危险的游戏。

4. 不走险峻的小路，不独自攀登山林石壁，不去尚未开发的偏远地带。

● 这样做很危险

"拈花惹草"好自在

学校组织的郊游大多在春季。春季百花盛开、空气新鲜。我们在赏花

156

的过程中也要讲文明、重安全。比如，不要随便采摘鲜花，把美丽留给他人；近距离赏花时注意是否有蜜蜂在采蜜，以防被蜜蜂蜇伤。

有些同学对花粉过敏，不要用口唇、鼻子及面部直接与花朵、草木接触。如果无法回避，可提前口服一些抗过敏药物。

● 安全小备注

去郊游时，要注意饮食卫生：

- 出发前准备好食物、水、餐具和消毒纸巾等。
- 不食用不卫生、不合格的食品和饮料，不购买路边摊的小吃零食。
- 游玩中不用脏手抓取食物。
- 不喝泉水、塘水和河水等生水，更不能食用在路边采摘的蘑菇、野菜和野果等。
- 如果发生腹痛或腹泻，及时报告老师。

测测你的安全知识

郊游时应注意哪些事项？

Ⓐ 不食用不卫生、不合格的食品和饮料

Ⓑ 腹泻了自己忍一忍

安全意识指数：A.★★★　B.☆☆☆

03. 露营时驱除蚊虫的方法

● 危险经历

十一长假期间，帅帅和几个要好的同学一起参加了一个露营活动。晚上，当一个个帐篷搭起来的时候，到处一片欢声笑语，帅帅和同学们下棋、打牌，玩得不亦乐乎。大家手中的手电筒、荧光棒发出的光吸引着蚊

子、小虫飞来飞去，但是没人在意。终于到休息的时间，帅帅却怎么也睡不着了，他发现自己的皮肤瘙痒难忍，裸露在外的皮肤都被蚊虫叮咬了。

● 安全预防小办法

1. 尽量不要选择太靠近河边、湖边、溪边等水源的地方露营，因为这些地方的蚊虫较多。

2. 野外坐卧时尽量不要选择潮湿的树荫下、草地上，也不要在草丛当中穿行，否则会受到蚊虫的叮咬。

3. 野外旅游时，尽量穿长裤、长袖外套，并扎紧袖口、领口和裤管，减少裸露在外的皮肤。

4. 可佩戴驱蚊器、驱蚊手环，在皮肤暴露部分涂抹驱蚊虫药、花露水、

风油精等。如果担心被汗水冲掉，也可将驱蚊药品涂在衣服上。

5.晚间活动最好穿着透气吸汗的棉质浅色衣服。

● 这样做很危险

杀灭蚊虫时用的蚊香越多越好

虽然蚊香杀灭蚊虫效果好，但蚊香有一定的毒性，对身体有害。如常见的盘式蚊香中含有炭粉、黏合剂、助燃剂等物质，如果没有燃烧充分，其残余物中的苯、多环芳香烃等物质就会危害身体。

● 安全小备注

被蚊虫叮咬后，先用清水冲洗被咬处，然后使用消肿止痒的药膏，效果会更好。如果没有治疗蚊虫叮咬的药膏，使用淡盐水、芦荟汁、西瓜皮等涂抹于红肿处，也可起到消肿的作用。记住，千万不要用手抓，否则会越来越痒。

野营时如何预防蚊虫叮咬？

测测你的安全知识

Ⓐ 选择临近水源的地方露营

Ⓑ 尽量穿长裤、长袖外套，随身佩戴防蚊用品

安全意识指数： A.☆☆☆　　B.★★★

04.中暑的预防及紧急应对

● 危险经历

暑假，学校组织同学参加野外拓展夏令营，当天天气很热，气温高达37℃。拓展项目在一片空地中进行，训练的强度很大，同学们都很累。突然，悦雯感到一阵头晕，身体也开始不听使唤，摇摇晃晃倒在了地上。见此情形，老师赶紧将悦雯扶到树荫下休息。经过一段时间的恢复，悦雯稍微有了一些精神。

● 安全预防小办法

1. 夏季进行户外运动，运动量不宜过大，休息的次数应适当增加，运动时间适当缩减。

2. 夏季外出旅游时应带些藿香正气水、人丹、风油精、十滴水等防暑药物。

3. 外出旅游时应合理安排时间，避免中午外出，减少在阳光下活动的时间。

4. 多喝水，注意补充水分，不要让身体处于缺水状态。如果出汗较多，应补充一些电解质饮料或其他运动饮料。

● 这样做很危险

中暑后"冷"处理

中暑后发热很常见，如果散热不当可能会带来危险。比如，有些人通过服用退烧药来降温，这样做可能会加重身体已经过度消耗的负担；有些人"冲凉"或用凉水洗脚，这样做会使毛孔闭合，热量滞留体内而不能散发。其实，中暑高热时，最好用温水敷额头、腋窝等处。饮水宜少量、多次，不要在短时间内快速喝大量的水。在阴凉通风处适当休息。如果发热的症状未消退，应减少活动量。如果持续发热，就要尽快到医院就诊。

● 安全小备注

中暑通常发生在夏季高温同时湿度大的天气。遇到高温天气，一旦出现大汗淋漓、神志恍惚，要注意降温。如高温下出现昏迷的现象，应立即转移至通风阴凉处，用冷水反复擦拭皮肤，随后要持续监测体温变化。如果持续高温，应马上送至医院进行治疗，千万不要小看中暑，耽误治疗时机。

测测你的安全知识

如果中暑了，你该怎么办？

Ⓐ 立即服用解暑药物

Ⓑ 用温水擦拭额头、腋窝等处

安全意识指数：A.★★★　B.★★★

05.野外游泳危险重重

● 危险经历

周六，大洪和班上几个同学一起去水坝附近烧烤。中午吃过东西后，大洪和文飞实

在热得难受，两人决定下水游泳。由于两人身体素质不错，又熟悉水性，其他同学并未劝阻。大约半小时后，大洪觉得体力不支提议上岸休息一下，文飞并未尽兴，说自己要再玩一会儿。就在大洪上岸没多久，水中传来"救命"的喊叫声，大洪一看不远处文飞的表情不对，一边呼喊一边在水面上下挣扎，他想要下水救文飞，被其他同学拉住。几个同学赶紧打电话报警。但还没等警察赶到，文飞已经从水面消失了。消防队员和水库救援人员出动救生艇搜救，几个小时后文飞被救上岸，已无生命迹象，他的脚上缠绕着水草。

● 安全预防小办法

1. 在野外游玩时，不论是否会游泳，都不要在陌生水域下水游泳。

2. 容易抽筋者游泳时要特别注意，游泳时间不宜过长，不要到深水区游泳。

3. 为了安全起见，不要在没有救护人员和安全设施的泳池游泳。

4. 当遇到有人落水呼救时，如果没有救人经验、没有参加过相关培训，不要贸然下水救人，应立即联系专业救护人员。

5. 游泳发生抽筋时，要保持镇静，可用力伸蹬、做跳跃动作，或用手揉捏、拉伸抽筋部位，并注意控制呼吸防止呛水。待肌肉松弛后，采取仰泳或侧泳，慢慢游向岸边。

● 这样做很危险

游泳前不做热身活动

游泳前不热身，很容易抽筋。因此，游泳前要做必要的准备活动，按摩易发生抽筋的部位，用冷水淋浴或用冷水拍打身体及四肢，使身体适应低温环境。如果游泳前进行过大量的运动，应充分休息并补充能量后再下水。此外，游泳时间不宜过长，因为游泳时体力消耗较大，容易发生危险。

● 安全小备注

人在溺水2分钟后便会失去意识，4~6分钟后身体便会遭受不可逆的伤害，因此抢救溺水者必须争分夺秒。遇到有人溺水，不要盲目下水，可向溺水者附近投放救生圈、木板、树桩等漂浮物，让他抓住。

同时，学习一些基本的救护常识，如人工心肺复苏术等，可以让我们更好地应对危险局面。

测测你的安全知识

游泳时肌肉抽筋可采取下列哪种自救方法？

Ⓐ 保持冷静，控制呼吸

Ⓑ 用手揉捏、拉伸抽筋部位

安全意识指数： A.★★★　B.★★★

06.在野外迷路了怎么办

危险经历

中考结束后，瑞宁和小志相约一起去爬野长城。为了做好冒险的准备，他们还特意带了地图和指南针。等他们登到长城上时，天已擦黑。尽管如此，夜色并没有阻挡他们下山的决心。在下山过程中，他们发现找不到来时的路了，完全迷失了方向。此时，小志提议打电话报警求助，原地等待救援。可是虽然手机有信号，但两人在电话里无法说清他们的位置和方向。营救人员找了几个小时，才找到两人。

安全预防小办法

1.野外旅行一定要有熟悉当地情况的人同行，这样可以随时应对突发情况。

2.如果夜晚有活动安排或归家时间较晚，要准备好水、食物以及照明设备。

3.野外旅行之前要做好计划，安排好时间，遇到突发情况要及时告知家人，尽早寻求帮助。

4.不要为了寻求刺激或躲避买门票而走危险重重的小路或野路。

5.关注天气变化，避免在大雨、大风、大雾等恶劣天气出游。

6. 随时随地观察周围的地形，记住标志物，确定各种固定的目标向导，这样便于原路返回。

● 这样做很危险

心存侥幸去试别的路

当我们在野外迷路时，不要心存侥幸去试别的路，否则会让我们离正确的方向或道路越来越远，最终迷失方向。谨慎、稳妥的办法是沿着原路返回。迷路时不要一直在山沟里走，山坡、山脊、山顶或山冈的视野开阔，有利于被营救人员发现。如果有河流或小溪，可以顺着水走，水流附近一般都有人居住。晚上如果漆黑一片，看不清四周环境，最好不要继续行走，应该找个栖身之处，天亮再作打算。

● 安全小备注

如果在野外迷路了，地图和指南针是最快速、最准确的识别方向的工具。先看看地图上自己所处的位置，再看看周围的图例，了解附近的地理特征。回忆迷路前的位置，以及周围的树林、溪流等地理特征，尝试画出曾经走过的路线图，这样配合指南针能更快速地找好方向。如果地图上有等高线，还能够了解周围的地形，根据比例尺计算自己与目的地的距离。如果地图足够精确，我们可以知道前行的路线上有没有悬崖、河流等。

测测你的安全知识

野外迷路时你应该怎么做？

Ⓐ 去试试走陌生的路

Ⓑ 用地图和指南针确定自己的位置

安全意识指数： A.☆☆☆　B.★★★

07.大自然能告诉我们方向

● 危险经历

　　国庆长假的第二天，丁晟和昊博两人去妙峰山游玩。他们在山脚下看路边的指示地图，发现玫瑰园和娘娘庙在不同的方向。一开始，两人还讨论先去哪个景点后去哪个景点，后来听说两个景点有路相通，他们就不再担心路线问题了。花了2个多小时，丁晟和昊博到了玫瑰园，时间已是下午3点多了。打听过路线后，他们开始向娘娘庙进发，路上的游人越来越少，本来看着很近的地方，绕来绕去却走了很长时间都没有到达。出现三岔路口的时候，两人犹豫了，方向感也没有了。这时，他们看见了路边蚂蚁的巢穴，知道了哪一边是南面，终于找到娘娘庙。

● 安全预防小办法

1. 如果天气晴朗，太阳升起的方向是东，正午时太阳在天顶靠南。

2. 如果在树林里，树枝繁茂的方向是南，努力向上生长的树枝面向北；树桩上年轮间隔大而疏的是南面，苔藓更多地生长在树木和岩石的北面。

3. 如果在山坡，一般青草茂密的方向是南面，积雪融化得较多较快的一边是南面。

4. 观察蚂蚁的巢穴，因南边比较温暖，所以其所在的一边一般是南面。

5. 在沙漠中，沙生植物倾斜的方向是东南，沙丘坡度较缓的是西北，坡度较陡的是东南。

6. 在丘陵地带，高大的乔木林生长在北坡，灌木丛林生长在南坡。

7. 夜晚，北极星位于正北天空，可根据北斗七星（大熊星座）确定方向。

● 这样做很危险

大自然告诉我们的方向百分之百正确

虽然前面提及很多显示方向的信息，但是我们不能根据一项信息就百分之百确定方向，否则可能会做出错误的判断。在地球的不同位置，我们看到的大自然特征是明显不同的。例如，观察苔藓时，南半球的苔藓恰好与上述方向相反，即苔藓更多地生长在树木和岩石的南面。此外，很多动物、植物的生长还受到环境、湿度等因素的影响，可能会导致我们做出错误的判断。

● 安全小备注

野外旅行遇到下雨天时，要寻找可以躲避风雨的地方，等雨过天晴再离开。天冷时，大家可以挤在一起相互取暖。雪地迷路时，可挖雪坑躲进去，判断好前方的地形后再行动，防止落入悬崖、大坑等危险地方。在雾中迷失方向时，尽量等雾气消散后再出发。

测测你的安全知识

在野外，如果没有地图和指南针，我们怎样才能识别方向？

Ⓐ 根据北斗七星确定方向

Ⓑ 根据太阳的位置判断方向

Ⓒ 依据树林植被识别方向

安全意识指数：A.★★★　B.★★★　C.★★★

08.在野外发生意外怎样求救

● 危险经历

娜娜和琪琪相约去郊外的公园游玩。两个人为少走点儿路走了小道，结果发现迷路了，前后都不见人影，怎么办呢？眼看天黑了下来，两人正在发愁之际，娜娜发现对面的小山头上有人影经过，只是由于距离太远，那里的人听不到她们的呼救声。琪琪翻包找东西时，发现了自己的梳妆镜，突然灵机一动，用镜子的反射光照对面的人群。不一会儿，有人过来了，原来是公园的巡园工作人员。工作人员将娜娜和琪琪送出了大门。

● 安全预防小办法

1.发生意外时千万不能坐以待毙，应该尽可能地制造"动静"，设法让别人发现自己。

2.可尝试用各种各样的方式传递求救信号，如火光、烟雾、声音、光、标志等。

3.如果距离不远，可以大声呼喊或吹哨，也可以借物发声，如敲击金属器具、石头等发出求救信号。

4.光传递信息的距离较远，可以试探着通过能反光的物品，如亮金属、玻璃片、镜子、手电筒等，不停地向四处反射光线。

5.为了准确传递信息，可以将求助内容写在纸、木头上面，通过流水等载体传递出去，也可以在草地、海滩、雪地上制作地面标志。

6.如果携带鲜艳的衣服，可以将衣服挂于高处或挥舞衣服。如果感觉动作幅度有限，可系在木棒上做成旗帜，呈"8"字形左右挥舞。

● 这样做很危险

求救的烟雾、火光越大越好

虽然白天制造烟雾、晚上制造火光，容易引起注意，但在树林中使用很容易引发火灾。而且，在自己身体状况不好的情况下，比如受伤、饥饿、虚脱等，火或烟会让自己的情况更糟。所以不到万不得已，尽量不使用烟雾、火光求助。如果必须使用烟或火求救，我们一定要处于上风向，防止呛烟，同时确保火在可控范围内，避免发生火灾。

● 安全小备注

求救后如果因为某种原因必须离开发出求救信息的地方，应该留下标志或信号物，这样才能被救援人员发现。为了便于跟踪和寻找，离开的路上也要留下指示标志。至于指示标志，我们可以用石头、木棍摆成箭头形状，也可以用分叉的树枝标明行动方向，或者在树干上刻下指示箭头。为了突出显示标志，也可以把标志周围简单处理一下。

测测你的安全知识

如果在野外发生意外，我们应该怎样发出求救信号？

Ⓐ 用火光、烟雾、声音、光、标志等传递求救信号

Ⓑ 连续发信号3次且间隔时间固定

Ⓒ 在离开的路上留下标志或信号物

安全意识指数：A.★★★　B.★★★　C.★★★

09.怎样判断野外的水是否能喝

● 危险经历

一天，子千和健健骑车到野外游玩。由于两人没有经验，水带得不够，还没到下午就把水喝完了。子千和健健都口干舌燥，两人赶紧寻找水源。一路寻觅，他们终于在路边草丛中发现了一条小沟渠。子千看到不远处有一个易拉罐，准备拿过来洗净后煮水喝。但是还没等他洗干净易拉罐，健健就因为口渴难耐，先喝了几口生水。晚上睡觉前，健健开始腹泻。

● 安全预防小办法

1. 野外旅行中，水是必不可少的，旅行前应准备充足，旅行中应及时补充。

2. 如果遇到缺水的情况，可寻找干净的流水，如山泉水等，煮沸后少量饮用。

3. 野外水源需通过看、闻、尝等方式判断能否饮用。

4. 野外的水源即使没有被污染，也可能含有病毒、细菌或有害物质，除非万不得已，尽量不要饮用，避免腹泻、中毒等。

● 这样做很危险

野外的水无污染，喝了没事

在野外旅游时，即使再口渴，也不能见到水就不顾一切地喝，否则后果不堪设想。不洁净的水带有杂质和难闻的气味，尤其是不流动的死水，一般我们能一眼看出。

那么，怎么判断野外水源是否可以饮用呢？

1. 将水装在瓶子里，用鼻子闻一闻，看看是否有异味。

2. 将水滴在白纸上，如果晾干后有痕迹，说明杂质多。

● 安全小备注

在野外，雨水、露水、雪水比较容易得到，下雨时可用伞或雨衣、塑料布收集雨水，也可用空罐、空杯、空瓶等收集雨水、露水，雪融化即为雪水。如果遇到溪水、河水和湖水，可在离水边不远处的沙地或砂石上挖个小坑取水，里面渗出的水已经过沙、石的过滤。一般来说，断崖或岩石缝里流出的清水水质最好，树林间、杂草中流出的水水质最差。

苿苿草、芦苇、马兰花、拂子芽等植物生长的地方的下面可能有地下水，竹丛底下可能有落水洞，洞里可能有水。动物出没的地方找到水源的可能性较大。蚂蚁、蜗牛、螃蟹聚居之处，青蛙、蛇冬眠的地方，下面可能有地下水。

野外遇到水源时，下列哪种处理方式是正确的？　　**测测你的安全知识**

Ⓐ 通过过滤、煮沸消毒等方式净化

Ⓑ 直接饮用

安全意识指数：A.★★★　B.☆☆☆

171

10.林中起火怎么逃生

危险经历

小平和亚丁周末约了几个同学去郊区野炊，为此他们特意准备了打火机，并带上酒精和各种各样的食物。

到了山上，大家选择在树林中开伙。小平捡了松塔、枯枝和树皮，亚丁浇上酒精并用打火机点燃，一群同学便开始做饭。小平嫌火加热太慢，于是又点了一堆松塔，并加了一些枯枝和树皮，火势越来越大。同学们都在忙活着做饭，谁也没有意识到危险正在靠近。突然，小平的衣服着火了，慌乱中大家只顾着扑灭身上的火，火堆的火势已经无法控制。几个人东奔西跑，亚丁被火烧了眉毛，还有几个同学被烟呛得直掉眼泪，幸亏护林工作人员及时赶到，才没有酿成火灾。

安全预防小办法

1. 野外用火时，尽量选择开阔的地方，不要在树林里，更不要在山洞等封闭的地方用火。

2. 野餐后的火堆要用水浇灭或用土掩埋，以免引发火灾。

3. 一旦发现周围有烟雾出现，应第一时间远离，并及时报警，千万不要逗留。

4. 救火的前提是能够保证自己的安全。如果出现火情，3分钟没有扑灭或控制住火情，应立即逃跑。如果衣服着火，千万不要继续奔跑，马上就地打滚将火扑灭。

● 这样做很危险

顺风逃生

突遇森林火灾时，一定要看清大火蔓延的方向，密切关注风向的变化，逃生的方向决定了我们能否成功脱险。如果顺风跑，火在后面，火的蔓延速度比人跑的速度快，那么我们很可能会因缺氧晕倒，或被火烧伤。如果大火扑来的时候，我们正好在下风向，正确的做法是逆风逃生。

● 安全小备注

树林中起火后，首先要用蘸湿的毛巾或衣服等捂住口鼻，防止浓烟中的一氧化碳进入我们的身体。如果有条件，用水把身上的衣服弄湿。如果一时跑不掉，可以选择没有可燃物的平地躺下来躲避烟雾，地势越低烟越少。如果起火地点在半山腰，要向山下跑，一定不要往高处跑，因为我们的速度比不上火烧起来的速度。逃生成功后，还要注意其他危险，比如，附近有没有野生动物等。

测测你的安全知识

如果遇到林中起火，你该怎么办？

Ⓐ 用蘸湿的毛巾或衣服等捂住口鼻

Ⓑ 顺风逃生

安全意识指数：A.★★★　B.☆☆☆

11.陷入泥潭如何脱险

● **危险经历**

　　中秋节，姜伟和家人去郊区的度假村过节。吃过午饭，他跟着爸爸一起去河边钓鱼。在一片较浅的水边，姜伟在里面蹚水玩，用小渔网抓螃蟹。他来回走了几趟都没有收获，就继续往深一点儿的水里找。没走几步，他一脚陷入泥潭中，腿拔不出来，而且越陷越深。姜伟吓得拼命向爸爸呼救。爸爸闻声赶来，看到儿子深陷泥潭苦苦挣扎，便拿起一根长木棍，让姜伟抓住，然后用力拖拽，终于把姜伟救了上来。姜伟浑身上下都是泥，小脸早已吓得惨白。

● **安全预防小办法**

　　1.泥潭一般在沼泽或潮湿、松软、泥泞的荒野地带，要小心寸草不生的黑色平地，留意青色的泥炭藓沼泽，路过时一定要绕行。

　　2.如必须走过有泥潭的地方，沿着有树木生长的高地走，或踩在石楠草丛上。

　　3.如不确定前方是否有泥潭，可向前投下几块大石头，看看石头落地后的情况再判断。

4. 在泥潭附近时，独自一人玩要时，周围一定要有成年人守候。

● 这样做很危险

陷入泥潭后使劲儿挣扎

陷入泥潭时，如果周围没有人能够救助，那就只能靠自己了。此时，千万不要用力挣扎，因为这样只会越陷越深，加快陷落的速度。我们应该冷静，不要乱动，然后用尽全力将一条腿从泥潭里拔出来，然后再慢慢地把另外一条腿或身体的其他部分拔出来。

● 安全小备注

行走过程中，如发现身体下陷，就应该把身体后倾，轻轻躺在泥潭上，这样可以减缓下沉速度。躺下去时尽量张开手臂以分散体重，这样可以使身体浮在表面。不要摘下背包、斗篷或其他可以增加浮力的物品。在这个过程中，别忘了呼喊求救，等待救助时应尽量寻找一个支力点。

测测你的安全知识

如果不幸陷入泥潭，应该怎么办？

Ⓐ 身体后倾，躺在泥潭上

Ⓑ 使劲儿挣扎

安全意识指数：A.★★★　B.☆☆☆

12. 掉进冰窟如何自救

● 危险经历

　　这天，强强和表哥一起去郊区游玩，路上看到一大片冰面，他想也没想就走上去了，等表哥发现他时，他已经走出20多米了，只听见"咔嚓"一声，突然冰面裂开，强强掉进了冰窟。没一会儿他就浮了起来，他试着用胳膊支撑着冰面爬上来，但是周围的冰沿儿一压就断裂。冰水冷得刺骨，强强嘴唇发紫，咬紧牙关坚持着。过了一会儿，表哥叫来了救助人员，一点儿一点儿地把强强拉了上来。

● 安全预防小办法

1. 野外游玩时，不要在非滑冰区域的冰面上行走及玩耍。

2. 在冰上玩耍时，尽量避免猛跑、猛跳等激烈动作，以免冰面破裂。

3. 如果发现冰面出现裂缝，应迅速趴下，稳定后再向岸边缓慢爬行。

4. 几个人一起在冰面上行走时，一旦听到或看到冰面破裂，应保持静止，然后慢慢分散。

5. 在冰面上行走或玩耍时，注意冰的厚度和结实程度，冰薄的地方要小心。

● 这样做很危险

一听到冰裂声赶紧跑

当我们行走在冰面上时，一旦听到冰裂声或看到裂缝出现，说明冰不足以承受我们的体重。此时，如果感到害怕拔腿就跑，则会引发更大的危险，因为我们奔跑时对冰面的压强增大，这会加剧冰面破裂的速度和程度。所以，当听到破裂声时，应立即停下脚步，慢慢地蹲下，使整个身体趴在冰面上，这样压强因身体和冰面的接触面积增大而减小，再慢慢爬到岸边。

● 安全小备注

当我们不慎掉入冰窟，首先要双脚踩水不停地游动。这样做不仅能够避免体温下降，还能使身体不完全沉入冰水中。双手及手臂不要乱抓，更不要随意架在冰面上。选择最厚的冰面，双手伏在冰面上张开，一点儿一点儿地用手肘爬动，直到身体全部脱离冰水。然后趴在冰上，慢慢爬到安全地带。爬的时候要注意冰面情况，防止二次落水。

测测你的安全知识

如果不小心落入冰窟，你应该怎么做？

Ⓐ 双脚不停地游动

Ⓑ 选择最厚的冰面伏在上面

Ⓒ 张开双手，手肘用力慢慢地爬出冰水

安全意识指数：A.★★★　B.★★★　C.★★★

177

13. 被毒蛇咬伤怎样急救

● 危险经历

这天，小志和小平一起到野外游玩。河塘边有一大片草坪，两人高兴地在上面玩了起来。突然，小志感觉脚上传来一阵刺痛，他低头一看，左脚大脚趾出

现两个红色的伤痕，被吓了一跳的小平赶紧拿棍子在草丛里搜寻，看到一条黑白花纹的小蛇在草丛深处爬行。小志被咬伤之后，脚趾迅速肿大，伤口开始红肿，疼痛难忍。

● 安全预防小办法

1. 应尽量避免晚上和凌晨在野外行走，因为许多蛇是在晚上出来活动的，尤其是在6~9月。晚上出行若用明火照亮，应更加小心蛇类。

2. 蛇类一般栖息在草丛、石缝、树枝、溪畔等处，我们应特别注意这些地方。

3. 在树林或草丛里行走时，可以发出较大的声响，这样可以吓走蛇类。

4. 在野外，穿衣要确保身体不裸露在外，比如，穿长裤和棉质的长袜，并将长裤塞入靴内避免被蛇咬伤。

5. 如果走在杂草或灌木的深处，可以用较长的木棍在前方挑拨敲打，

178

确保无蛇后再前行。野外露营时，一定要拉上帐篷的拉链。

6. 如果遇到蛇应马上离开，千万不要靠近它。夏天雨前和雨后、洪水过后，都是蛇喜欢出没的时段。

● 这样做很危险

如果被蛇咬后半小时没事，就可以确定咬人的蛇不是毒蛇

许多人认为，蛇毒发作是很快的，如果半小时内身体没有异样，就可以确定咬人的蛇没有毒。果真如此吗？其实，蛇毒的发作时间因人、因蛇而异，每个人的体质差异很大，对蛇毒的反应有快有慢，不同种类的蛇毒也不一样，因此，有可能被咬后1～4小时才显现出来。为了谨慎起见，如果被蛇咬伤后无法确定是否有毒，应第一时间就医，以免耽误最宝贵的抢救时间。

● 安全小备注

被蛇咬后，惊慌失措地奔跑是非常危险的，因为奔跑会加速血液循环。血液流动得快，毒液扩散得也会快。所以要牢记，被蛇咬后要慢慢走到附近的医院。

测测你的安全知识

被毒蛇咬伤后应该怎么做？

Ⓐ 在伤口近心脏处结扎

Ⓑ 冲洗伤口

Ⓒ 将毒液挤出或吸出

安全意识指数：A.★★★ B.★★★ C.☆☆☆

14. 被蝎子蜇伤如何处理

● 危险经历

暑假，晓雨和爸爸妈妈一起到三亚旅游。这天，他们一家三口到海边沙滩玩。下水之前，晓雨脱下自己的裙子放在沙滩

上。游玩结束后，晓雨穿裙子的时候感觉裙子里有东西，小腿还被一个尖东西划了一下，于是她伸手进去一摸，手指也被扎了一下。接着，一阵剧痛袭来，爸爸妈妈听到她的惨叫，赶紧过来查看裙子，爸爸将裙子转过来一抖，掉出一只体长约5厘米、黄褐色的蝎子。幸好蝎子小毒性不大，在附近的医院里打了两针解毒针之后，晓雨已无大碍。

● 安全预防小办法

1. 蝎子喜欢向阳、干燥的地带，外出旅行时要多加小心。

2. 手、脚、小腿容易被蝎子蜇伤。在蝎子分布地区行走，要穿高帮鞋、长袜、长裤，裤脚要扎牢。

3. 要随时小心检查衣服和随身的东西，绝不给蝎子藏身之所。如果发现蝎子，不要激惹它，等它自行离开。

● 这样做很危险

用嘴将蝎毒吸出来

当不小心被蝎子蜇伤时，用嘴吸毒液是很危险的，因为蝎子的毒液可能会损害口腔，如果我们吞下毒液还可能加重中毒症状。此时，如果周围有可用来吸出毒液的工具，那么最好用它来代替嘴吸。

● 安全小备注

被蝎子蜇伤后，应立即拔出毒刺，吸出毒液，然后用肥皂水冲洗伤口。若蜇在四肢，应立即在伤部上方（近心端）2厘米～3厘米处用手帕、布带或绳子等绑紧，每15分钟松开1～2分钟。有条件的话，可用冰敷或冷水湿敷，疼痛严重时可用止痛药。被蝎子蜇伤处常会出现大片红肿、剧痛，轻者几天后症状消失，重者可出现寒战、发热、恶心呕吐、肌肉强直、流涎、头晕、昏睡、盗汗、呼吸增快等，甚至抽搐及内脏出血、水肿等，应立即就医。

被蝎子蜇伤后如何处理？

测测你的安全知识

Ⓐ 将蝎毒吸出来

Ⓑ 立即拔出毒刺

Ⓒ 用肥皂水冲洗伤口

安全意识指数：A.★★★　B.★★★　C.★★★

15. 被毒虫咬伤怎么办

● 危险经历

暑假期间，冯伦参加了一个野外夏令营。晚上，他被安排住在一个农家小木屋里。由于这几天活动太累了，冯伦一回到屋里就换上宽松的衣服上床休息了。半夜，他突然感觉肛门处有针刺样疼痛，似乎有什么东西在附近蠕动。他下意识地伸手去摸，竟然是一条蜈蚣，顿时吓出了一身冷汗。冯伦觉得被咬伤的地方有点儿疼，赶紧让同住的室友和带队老师送他到医院检查。

● 安全预防小办法

1. 夏季天气潮湿闷热，毒虫活动频繁，应特别提防蜈蚣等毒虫的咬伤。

2. 做好居住环境的清洁卫生工作，使各种毒虫无藏身之处。

3. 野外游玩时尽量少去树下、草丛、灌木丛、水边等潮湿背阴地带，避免被毒虫咬伤。随身携带防虫叮咬的药水。

4. 外出时尽量穿上长裤、鞋袜等，最好不要光脚穿凉鞋，减少皮肤暴露。

5. 晚上是毒虫活动的高峰，尽量减少外出活动，避免被毒虫叮咬。

● 这样做很危险

不知道被什么咬了

如果我们不能确定被哪种毒虫咬伤，可能会给后续的病情诊断和治疗带来困扰，耽误最佳治疗时机。因此，一旦被毒虫咬了，应该第一时间把"罪魁祸首"抓住，这样做可为以后医生的准确诊断提供依据。

● 安全小备注

● 如果被毒虫咬伤后出现神志不清、昏迷等严重症状，应尽快到医院处理。

● 如果症状较轻，可先就地取材，用肥皂水、浓盐水或大量清水冲洗伤口，边洗边把毒液挤出，在伤处放置冰袋，减缓毒素的扩散。在野外的时候，可用鲜蒲公英或鱼腥草捣烂后外敷伤口，或者用花露水、鸡蛋清、清凉油、大蒜汁、葱头片、碱水等涂抹在伤处。

● 被蜈蚣咬伤后，对于皮肤上形成的风疹可先用酒精擦干，然后涂上1%的氨水。出现水疱，可用消毒针将水疱刺破，然后将血挤出，千万不要用手去抓挠。

测测你的安全知识

被毒虫咬伤应该怎么办？

Ⓐ 用肥皂水或浓盐水冲洗伤口，把毒液挤出

Ⓑ 用手去抓挠

安全意识指数：A.★★★　B.☆☆☆

16.怎样预防被蜜蜂蜇咬

● 危险经历

一天，子千和几个同学一起去郊区游玩。快到中午的时候，有个同学在一棵树上发现了一个碗口大小的蜜蜂窝，大家想尝尝

野蜂蜜是不是特别甜，于是拿衣服捂住头脸后，胆大的同学自告奋勇去捅蜜蜂窝。窝里的蜜蜂受到惊动，成群结队地飞了出来，大家一看撒腿就跑。子千看到自己的衣服上停了一只蜜蜂，下意识地抖了一下，然后感觉到胳膊针扎一样疼，被蜜蜂蜇过的地方起了一个小包。回家的路上，子千的胳膊就麻了，等回到家胳膊肿得越发厉害了，妈妈赶紧陪着他去了医院。

● 安全预防小办法

1.蜜蜂往往居住在人迹罕至的草丛、灌木丛、树枝等处，游玩时注意观察树枝下、岩石上或其他较高处的角落，看到蜂巢尽量远离。

2.蜜蜂喜静，不可用手赶、拍、打身边周旋的蜜蜂，以免引来群蜂的攻击，不要乱捅马蜂窝。

3.野外游玩时，不要穿深色衣服，身体最好不带异味或怪香。

184

4. 遭到蜜蜂攻击时，用衣物保护好自己的头颈，尽量把全身的皮肤遮住。

● 这样做很危险

遇到蜜蜂群赶快跑

许多人遇到蜜蜂群，第一反应就是跑，跑得越快越好。其实，蜜蜂一般不会轻易招惹人，如果我们猛跑、狂跑，有可能会惊扰蜂群，引起它们群起追击。所以，当我们经过蜂巢时要尽量保持冷静，不要跑，不要惊动它们。如果蜜蜂盘绕，只要正常往前走就没有问题，千万不能轰赶它们，否则会越轰越多，让自己陷入重重包围。如果不小心惹得蜜蜂出动，我们可以趴下不动。

● 安全小备注

蜂类蜇人后会把尾部的针留在我们的皮肤内。被蜂蜇后，首先要小心地拔除蜂针。可以尝试用强力胶布粘贴后揭起，也可以用镊子、指甲剪或消毒针等工具轻压蜂针邻近部位，稍微压下皮肤，使针露出较长部分，然后将它夹出来或挑出来。

蜂类的蜇伤可用肥皂水清洗。被蜂群严重蜇伤会出现呼吸困难、休克等症状，必须第一时间送往医院救治。

测测你的安全知识

如果被蜜蜂蜇伤，你该怎么处理？

A 将蜂针留在皮肤上

B 用肥皂水清洗

安全意识指数：A.☆☆☆　B.★★★

185

17.被蚂蟥吸血后怎样处理

● 危险经历

　　思佳和家人一起去南方旅游。这天，路过郊区一大片稻田，从未见过水稻的她飞快地脱掉鞋袜，跳进水田玩了起来。稻田中的水有半尺多深，为了不把裤子弄湿，思佳把裤脚卷了起来。过了一会儿，听到家人的呼喊，她只好恋恋不舍地上来了。当她低头整理裤子的时候，马上惊叫起来，原来小腿上趴着两条黑褐色的长虫子，还流着鲜红的血。思佳想用手把这些虫子扒拉下来，可是虫子吸得很紧。正在她不知怎么办时，路过的一位阿姨走过来，在她腿上拍了几下就把两条虫子震下来了。思佳顺便也长知识了，阿姨告诉她这种虫子叫蚂蟥。

● 安全预防小办法

　　1.下水田，在河水、溪水中玩时，要穿长筒胶靴，尽量不要长时间站着不动。

　　2.在南方的树林、草地或者水中，要特别防止蚂蟥叮咬。最好穿长裤和长袖衣，用袜子扎紧裤脚，把领口、袖口等扎紧。

3.蚂蟥也有害怕的味道，在皮肤裸露的地方（如手部、脸部、颈部等）涂抹清凉油、薄荷油、大蒜汁或防蚊剂，可以防止蚂蟥吸血。

4.在草丛中行走时，应注意是否有蚂蟥爬到脚上。如果露营，尽量选择干燥、草不多的地方，不要靠近水边。

● 这样做很危险

用手把蚂蟥拔下来

当蚂蟥叮咬在我们身上时，用手把它拔下来或扯下来的做法是错误的，因为我们很快就会发现蚂蟥像根橡皮筋，越拔吸得越紧，越扯吸得越牢。如果生拔硬扯下来，它的口器（吸盘）就会留在我们的皮肤里，这样容易引起感染、溃烂。遇到此种情形，我们该怎么办呢？可以尝试轻轻拍打被叮咬的皮肤周围或上方，通过震荡使其脱落；在其身上涂唾沫、风油精、浓盐水或盐、肥皂水、酒精、醋等，使其缓缓蠕动；用火烤、烟烫或加热，但要小心别烫伤自己。

● 安全小备注

蚂蟥掉落后，我们的伤口往往会血流不止。用干净的纱布按住伤口，大约2分钟后可止血，然后在伤处涂紫药水或碘酒。流血严重的可能需要压迫血管上方，用小苏打水或清水冲洗伤口，然后用碘酒消毒，用纱布包扎患处。如果伤口未出血，应将伤口内的污血挤出。

测测你的安全知识

被蚂蟥吸血，该怎样把它弄下来？

Ⓐ 用手拔下来或扯下来

Ⓑ 轻轻拍打通过震荡使其脱落

安全意识指数：A. ☆☆☆　　B. ★★★

18.旅行时身体不适怎么办

● 危险经历

元旦放假了，爸爸妈妈带着琳琳去泡温泉。到达目的地当天，琳琳不知道吃了什么东西，开始上吐下泻，并感觉头晕。吃了药后，她的身体稍微有些好转，但头晕依然很严重，只好在宾馆躺了一天。第二天，她感觉恢复得差不多了，就兴致勃勃地去泡温泉，结果泡完受了凉风，又发起热来。这下爸爸妈妈不敢再玩了，赶紧带着琳琳回家养病。

● 安全预防小办法

1. 要想旅途顺利、玩得尽兴，旅行前一定要把身体调理到最佳状态。

2. 旅行时准备一些常备药品，例如，感冒药、退烧药、抗生素（建议咨询医生后再服用）、肠胃药、外用药、晕车药等。

3. 注意饮食饮水卫生，坚持良好的饮食习惯，如多吃清淡食物、多喝水、少食辛辣食品等。

● 这样做很危险

坚持一下，总会过去

外出旅行时，一旦出现身体不适，很多人都想硬撑一下。其实，硬撑不但无法让身体快速恢复，还容易加重病情。在旅行时，我们要对自己的体力有正确的估计，量力而行，把握好旅行的节奏和身体的负荷。如果感到身体不适或体力不支，不要勉强自己。

● 安全小备注

● 感到头昏脑涨时，应采取仰卧位躺下休息。

● 发生呕吐时，采取俯卧姿势可能舒服一些。呕吐后应漱口。

● 打喷嚏、全身发冷、头痛是感冒初期的症状，要多休息，注意保暖，可使用感冒药缓解症状。如果出现发热症状则要引起重视。

● 胃部疼痛、发热、恶心时，可对症服用肠胃药。如果是腹部疼痛，应注意保暖。疼痛难忍可能是食物中毒或急性阑尾炎，需立即就医。

测测你的安全知识

旅行时，如果出现身体不适该怎么办？

Ⓐ 硬撑一下，应该很快就能康复

Ⓑ 及时休息，对症用药

安全意识指数：A.☆☆☆　B.★★★

19.怎样缓解高原反应

● 危险经历

爸爸妈妈带姗姗到黄龙风景区游玩。三个人一下飞机就奔向风景区。一路上风景很好，山和云连绵不断地出现在眼前，三人欣喜若狂。车一

路盘山而上，海拔越来越高，妈妈有点儿头晕，接着姗姗也开始感觉头重脚轻，全身无力，心跳、呼吸加快。这下，姗姗一家人没了游玩的兴趣，赶紧到预订的酒店休息。

● 安全预防小办法

1. 去高原旅行前一周服用一些缓解高原反应的药品，如红景天、高原安、高原康等，可以帮助缓解高原反应。

2. 不要独自到高原地区游玩，严重的高原反应有致命的危险，需立刻就医。

3. 在高原地区游玩尽量减少活动量，尤其是避免剧烈运动，注意休息，不要暴饮暴食，让身体逐步适应环境。

4. 可随身携带一些高原便携式氧气瓶备用。

5. 一旦患感冒或身体受伤时，不要进行高原旅行。因为感冒容易引起

严重的高原反应，而且高原地区伤口恢复得较慢。心脑血管疾病、呼吸系统疾病、肝脏或肾脏疾病患者不适宜去高原地区。

● 这样做很危险

身体好就不会有高原反应

有的人认为，自己的身体棒棒的，抵抗力很强，去高原地区旅游不会有高原反应。其实，高原反应与体质没有必然的关联。经常锻炼的人、身体素质好的人不一定比不爱锻炼或体质差的人高原反应弱。而且，同一个人有时候在高原地区有高原反应，有时候则完全没有高原反应。因此，对高原反应不可掉以轻心。

● 安全小备注

在高原地区游玩时，为了适应海拔变化带来的不适，可以先游览低海拔的景点，再慢慢过渡到高海拔的地方，这样也可以确保在大部分旅途中精神状态较好。在高原地区，尽量选择条件好一点儿的酒店、宾馆入住，因为得到充分的休息、足够的睡眠，可以使身体更好地适应高原地区。

测测你的安全知识

出现了高原反应，应该怎么办？

Ⓐ 吃一些缓解高原反应的药

Ⓑ 严重的高原反应需看医生

Ⓒ 减少活动，好好休息

安全意识指数：A.★★★　B.★★★　C.★★★

第六章

灾害出现会逃生

01. 地震中的避险技巧

● 危险经历

上午11点左右，沐言正在家里写作业，突然感觉书桌在摇晃，持续了大约5秒，他还以为是自己的幻觉。没过2分钟，书桌又摇晃起来，书架也摇晃起来，沐言感觉整栋楼都在摇动。"地震了！"邻居家小孩在大声喊叫。沐言刚想跑出去，可一想到自己住在11楼，太高了，他便马上找到安全的地方躲起来……

● 安全预防小办法

1. 地震发生之前是有征兆的，如动物乱跑乱叫、鱼在水面乱跳、鸟类的异常等，我们一旦发现应做好预防准备。

2. 屋内高处不要有悬吊物，较高的东西不要垂直摆放，较重的东西应放在低处，家具摆放要牢固，防止高处物品坠落。玻璃窗上最好贴上防碎胶条，床应远离窗户。

3. 为了地震发生时有躲避的地方，平时床下、内墙角等处不要堆放杂物。

4. 平时准备一些应急物品，如水、食品、医药用品、防寒防雨用品、手电筒等，放在方便拿取的地方，一旦遇到地震会派上用场。

5. 不论在地震发生之前还是之后，都应尽量远离楼房、高墙、电线杆、桥梁等可能倒塌的建筑物和设施。

● 这样做很危险

地震时第一时间跑出去

遇到地震，绝大多数人的第一反应是跑，跑到安全的地方。如果住在平房，地震发现早的话，是比较容易逃离的，这时要注意用被子、枕头、安全帽等护住头部，小心碎玻璃、屋顶上的砖瓦、广告牌等东西掉下来砸在身上。但是如果住在高层楼房，逃离所需的时间较长，再加上人多拥挤、安全门有可能发生变形等因素，是很难在极短的时间内跑出去的。如果跑不出去，不如就近找相对安全的地方躲避，如内墙角、卫生间、床下、家具下等。无论发生什么，跳楼都是极其危险的。

● 安全小备注

地震来临时，"生命三角"往往是相对安全的地点。"生命三角"指建筑物倒塌时，会撞击到一些大的家具、农具上，使得靠近它们的地方留下一个三角空间。例如卫生间、厨房、储藏室等狭小空间的柱子、管道或承重墙下，低矮牢固的家具附近，承重墙的墙根、墙角，等等。因为阳台或靠近外墙的地方容易在地震中垮塌，所以这些地方不能躲避。发生地震时，如果正好在床上，滚到床底下是最好的选择。地震时随时可能停电，所以切勿使用电梯逃生，而且电梯在地震中还容易被卡死、变形。如果地震时正好在电梯里，可将各楼层的按钮全部按下，一旦电梯门打开，应该迅速离开电梯。

测测你的安全知识

地震中应该如何避险？

A 如果跑不出去，则就近找相对安全的地方躲避

B 躲藏在阳台

安全意识指数：A.★★★　B.☆☆☆

195

02.不同场合下的地震逃生方法

● 危险经历

上午10时左右，正值课间休息时间，宁书正要起身上厕所，突然感到教室和桌椅震动起来，随后听到楼道里响起嘈杂的声音。宁书跑出去一看，发现同学们纷纷涌向楼道。老师敲着教室门，站在楼道里大喊："地震了，大家不要挤，快速走下楼梯，到操场集合。"在下楼过程中，宁书基本上是被人从后面推着走的，好几次差点儿被挤倒。到了学校操场之后，宁书看到同班的刘琦在疏散过程中被挤压受伤，还有一部分同学后来才赶到操场，原来他们当时抱头躲在自己的课桌下了。

● 安全预防小办法

1. 地震发生时场面都会非常混乱，一定要听从现场指挥人员的指示有序撤离。

2. 地震时和地震后在山边、陡峭的倾斜地段，注意山崩、落石等带来的人身危险。

3. 对于小震和远震（主要感觉为左右摇摆），不必向外逃脱。

4. 地震时就近躲避，地震后迅速撤离到安全的地方。

5.地震发生时，如果在教室，应迅速用书包护住头部，躲在课桌下；如果在操场等室外场所，避开高大建筑物或危险物，用双手保护头部。

● 这样做很危险

地震时乱喊乱叫

地震灾难发生时，出于恐惧的本能，很多人往往会乱喊乱叫。其实，这样做是很危险的。据有关资料显示，窒息是地震中死亡的一大原因。如果我们乱喊乱叫，就会增加氧的消耗，同时消耗体力，还可能吸入大量烟尘、粉尘等。如果在狭窄或封闭的空间中，更容易造成窒息。面对地震这样的自然灾难，保持镇定是最重要的。

● 安全小备注

地震发生时，要掌握的第一个原则是就近躲避。当我们在火车或汽车上时，要牢牢抓住拉手或座位，同时防止被行李架上坠落的物品砸伤，躲在座位附近。在影剧院、体育馆、商场、超市等公共场所，要注意避开吊灯、电扇等悬挂物，用手、书包或衣服等保护头部；也可以暂时在承重的柱子周围躲避，或趴在排椅下。当我们行走在大街上时，一定要用书包、背包等物品顶在头上，走向开阔的地方，远离高层建筑物，注意路边的各种设施（如电线杆、路灯等）是否松动、倾斜，尤其是玻璃门窗、玻璃橱窗等。

测测你的安全知识

地震时，下列哪些做法是正确的？

Ⓐ 就近躲避

Ⓑ 乱喊乱叫

安全意识指数：A.★★★　B.☆☆☆

03. 被压在废墟下如何逃生

● 危险经历

　　2008年汶川地震发生时，乐乐是当地一名初一学生。当时正值午休时间，他刚走出宿舍没多久，感觉到地震后就跑回宿舍摇醒熟睡中的室友，还没等跑出去他就被压在废墟下。乐乐几乎全身都被重物压住，不能动弹。他感觉自己受了伤，不过幸好有一只胳膊还能动，能在狭窄的空间里勉强上下活动。在接下来的50个小时里，乐乐始终告诉自己，只要坚持，就一定能够获救。他撕下衣服罩住自己的口鼻，只要一犯困就掐自己一把，实在口渴的时候就把自己的尿液送进嘴里。当乐乐从废墟中被挖出来时，左腿肌肉组织因为长时间被压已经坏死，即便如此，他依然没有哭，而且还对救援人员微笑着说"谢谢"。

● 安全预防小办法

　　1. 不论是地震前、地震中还是地震后，都要尽量改善所处的环境，努力化解和消除各种危险。

　　2. 用砖石、木棍等支撑残垣断壁，防止地震或余震发生时被埋压。

　　3. 设法避开不结实的倒塌物、悬挂物或其他危险物。

　　4. 如果确定不会倒塌，可以搬动不重的碎石、砖头、水泥块等，扩大周围的空间。

5. 闻到异味或灰尘太大时，应该设法用湿衣物捂住口鼻。

6. 注意不要大声喊叫，保存好体力准备打持久战，听到有动静后可用敲击声求救。

● 这样做很危险

被压在废墟下，想睡一会儿

长时间被压在废墟下，难免会犯困，想睡一会儿的念头会越来越强烈。此时，千万不要睡着，保持清醒求生的意念，听到声音及时呼救或发出声响。一旦睡觉，就可能错过求生、呼救的机会。因此，始终保持清醒的状态很重要，同时要保存体力，要想办法维持自己的生命，不要急躁地盲目行动。

● 安全小备注

如果被埋在废墟里面，一定要静下心来，坚信自己一定能被救出。如果闻到特殊异味或看到眼前的粉尘很大，设法用衣物捂住口鼻，情况严重时将衣物弄湿后捂住口鼻。如果发现流血了，可以用手或干净的衣物压住伤口，直到不再流血。向有亮光的地方摸索，看是否能钻出废墟。如果靠自己无法脱困，查找我们衣服口袋和周围可触及的地方，看看能否发现食物或水。积极想办法向外联络和呼救，不定时地通过声音和光发出求救信号。

测测你的安全知识

被压在废墟下面时应该怎么办？

Ⓐ 用湿衣物捂住口鼻

Ⓑ 多昏睡一会儿

安全意识指数：A.★★★　B.☆☆☆

04. 身上着火了怎么办

● **危险经历**

中午11点半，放假在家的雷旭准备到厨房开火热饭。雷旭家的燃气灶使用很多年了，他第一次打火时没打着，但是能闻到煤气味。很快他又进行了第二次打火，没想到火一下烧到了他的衣服，很快他的全身都着火了。惊慌中，他赶紧脱去衣服，然后用厨房的水把自己浇湿。火终于灭了，雷旭一检查发现，除了自己的衣服和头发被烧焦外，身上还有些地方起了水疱。他马上给妈妈打电话说了一下经过，然后奔向附近的医院。

● **安全预防小办法**

1. 遭遇火灾时，第一时间把身上的衣服浸湿，避免引火上身。

2. 灶台是常见的火源之一，使用时应保持一定的距离，不要连续多次打火。

3. 应经常清理灶台周围的油污或可燃物，消除一切可能的火灾隐患。

4. 衣物上若沾有酒精、汽油等易燃物质，要远离火源，以最快的速度脱掉。

5. 平时尽量避免穿化纤材质的衣服，因为纤维极易燃烧，会粘在皮肤上继续燃烧。

● 这样做很危险

身上着火后东奔西跑

一旦衣服着火，许多人往往会惊慌失措地到处乱跑，这样做是极其危险的。一方面因为奔跑时空气流动，会使身上的火烧得更旺；另一方面，到处跑动可能会将火源带到别处，引燃周围的可燃物。可见，漫无目的地奔跑只会使情况更糟。衣服着火后也不要直接跳入水中，不论是水缸、水池还是河沟，这样做虽然可以尽快灭火，但不利于后期的烧伤治疗，可行的做法是用浸湿的毛巾或其他东西拍打着火的地方。最简单的办法是在没有燃烧物的地方迅速躺倒打滚，将身上的火苗压灭。

● 安全小备注

一旦身上着火，我们要设法尽快将衣物去除，脱去或撕掉着火的衣物。如果衣物粘着皮肤无法脱去时，不要生拉硬扯，更不要用手胡乱拍打，否则会损坏皮肤，不利于后期治疗。切记不可用灭火器直接往身上喷射，因为其中的化学物质可能会引起伤口感染。如果烧伤严重不要自行处理，应马上去医院请医生处理。

测测你的安全知识

如果身上着火了，你该怎么办？

A 赶紧跑

B 躺在地上打滚，将火苗压灭

安全意识指数: A.☆☆☆　B.★★★

05.大雪天要防滑防摔

● 危险经历

　　下大雪了，兴兴约几个同学去公园打雪仗。他们在路边玩了一会儿，有人提议去山坡上滑雪，得到了大家的一致响应。兴兴第一个冲上坡顶，一屁股坐在雪地上，然后慢慢

往下移动。一开始坡度很缓，但是越往后越陡，在重力作用下速度越来越快，兴兴害怕地叫了出来。突然，他的脚碰到一块凸起的石头，人翻了过去，几个同学赶紧将他送往医院。

● 安全预防小办法

1. 大雪天走路要"踏雪"，千万不要"滑雪"或"蹭雪"。

2. 行走或游玩时，远离浮冰或积水，以免滑倒。

3. 如果可以选择的话，下雪天尽量步行或者乘坐公共交通工具，不要骑车。

4. 尽量走熟悉的路线和地段。在陌生的路上应小心藏在雪中的危险，如井坑、钉子等。

5. 大雪可能会压断树枝和其他户外设施，外出时尽量远离树木和建筑物，防止被砸伤。

6. 走路时一定要小心路滑，在下雪天穿上摩擦力较大的鞋会减少滑倒的危险。

● 这样做很危险

摔倒时用手腕支撑

雪天出门时，防滑、防跌、防撞是最重要的。万一滑倒、跌倒或撞倒，尽量不要用手腕去支撑地面，否则容易造成手臂脱臼、骨折等危险。一旦跌倒，身体前倾，让身体顺势倒地，这样可以避免损伤。摔倒后不要急于起身，最好先自己检查一下是否摔伤，如果腰椎等部位受伤，切忌随意活动。

● 安全小备注

大雪天气，因为路面温度偏低，容易造成路面积雪和道路结冰，所以我们应尽量减少出门。如果外出，应该做好防寒保暖的措施，及时增添御寒衣物，最好穿上防滑的鞋子。走路时注意防滑，特别要与机动车保持足够的安全距离，乘坐公交车的时候不要追着车辆跑，避免交通事故的发生。

测测你的安全知识

在大雪天气，我们应该注意什么？

Ⓐ 走路不要"滑雪"或"蹭雪"

Ⓑ 摔倒时用手腕支撑

安全意识指数：A.★★★　B.☆☆☆

06.遭遇雪崩怎样逃生

● 危险经历

　　寒假的一个周末，表哥带着月月去滑雪。两人并没有在正式场地滑雪，而是决定滑野雪。月月和表哥两人并排滑行，表哥发现雪面上有裂缝，月月没有听见表哥的警告继续向前滑行。突然，表

哥听见一声沉闷的声音，感觉脚下的雪面开始迅速下移，雪浪推着月月翻滚了十几下，一层一层的雪挤压在她的身上，月月昏了过去。当月月再次睁开眼睛的时候，感觉眼前的亮光特别刺眼，只听到表哥带着哭腔说："醒过来了，吓死我了！"原来，月月被雪埋后，表哥大声呼救，山下雪场的工作人员和救援人员闻声赶来，及时将月月挖出并送到了当地医院急救。

● 安全预防小办法

　　1.滑雪时一定要结伴滑行，这样互相之间可以有个照应。

　　2.遇到雪面开裂的情况，我们应提高警惕，迅速转移到安全雪域。

　　3.雪崩之前一般有沉闷的响声、哗啦啦的响声、呼啸的风声或低沉的轰鸣声，听到声音后要提前做好准备离开雪场。

4. 雪崩常常出现在树木较少、陡峭的山坡，积雪较多的地方，等等。

5. 不要在可能发生雪崩的地方大声喊叫或剧烈运动，密切关注是否有石块滚落、动物奔跑、刮大风等情况。

● 这样做很危险

遇上雪崩向下跑

出于本能，遭遇雪崩时人一般都会向下跑，但冰雪也向山下崩落，雪崩的速度远远大于人奔跑的速度，所以被埋的可能性较大。遇上雪崩不要试图沿着与雪崩相同的方向逃生，要远离雪崩的路线向上跑，跑到较高的地方，或者横向跑，向山的两边跑，躲到有石头等遮挡物的地方去。

● 安全小备注

如果不幸遇到雪崩，应立即扔掉身上所有笨重物件，如背包、滑雪板、滑雪杖等，否则陷在雪中，活动起来会更加困难。如果滑落的冰雪已经来到身边，应立即闭口屏息，以防冰雪涌入咽喉和肺部导致窒息。待雪崩停止时，尽可能在身边凿一个大的洞穴。在雪凝固前，分清上下方向，要奋力向上挖掘，爬到积雪表面。如果听到周围有人来，应立即大声呼救。如果看到人或车辆，可以用鲜艳的衣物引起注意。

测测你的安全知识

如果遇到雪崩应该怎么办？

Ⓐ 向下跑

Ⓑ 横向跑，向山的两边跑

安全意识指数： A.☆☆☆　　B.★★★

07.台风袭来时的避险技巧

● 危险经历

受台风影响，侯昆所在的城市风雨大作，学校不得不宣布暂时停课。侯昆等到下午1点雨停了，才坐公交车回家。公交车上人很多，忽然人们被一
阵"啪啪啪"的玻璃撞击声惊动，原来是狂风又袭来了。下车的时候风越刮越大，大雨倾盆而下，侯昆想赶紧跑到附近的商场大楼避雨。当他顺着大楼边上走，刚转过楼角时，一阵夹带着沙子的风迎面吹来，沙子刮进了眼睛。就在侯昆揉眼睛时，楼上一个钢架广告牌突然坠落，正好砸中他的后背，他随即倒在地上。等侯昆再次睁开眼睛的时候，他已躺在医院了。

● 安全预防小办法

1. 台风来临前关注预警信息，注意收听、收看媒体报道，或通过气象咨询电话、气象网站等查询。

2. 刮台风时应避免外出，尽量在台风袭来前结束室外活动，早早回家。

3. 外出遭遇台风时，应避免骑自行车，要弯腰步行，尽可能抓住附近栏杆等固定物。如无固定物，可以俯身爬行。

4. 户外行走时要特别注意高处，小心楼上的花盆、广告牌等东西突然坠落，以及树木被刮倒、电线杆倒地等危险。

5. 台风来临时应关紧家里的门窗，把窗台或阳台上的花盆等容易被吹落的东西搬进屋内。

6. 如果家离菜市场、超市较远，应该提前储备食物，多买些水果、蔬菜、鱼肉等储存在冰箱里。

7. 如果晚上遭遇台风，应准备好蜡烛或手电筒以防停电。

● 这样做很危险

在建筑工地玩耍

遭遇台风时，建筑工地是最危险的地方，千万不要在附近玩耍，路过时最好绕行。这是因为这里存在各种安全隐患，高处没有收集整理的散落材料，比如钢管、榔头等金属物件，很容易被台风吹下来。而且工地上的土地经过雨水渗透，可能会变得松软，使行人陷进去或者滑倒。四周的围墙也有可能松动，有发生倒塌的危险。因此，刮台风时，我们更应该远离危旧住房、工棚、临时建筑、脚手架、铁塔等危险的地方。

● 安全小备注

台风来临之前，肯定会有强风。我们如果在家里，应该多检查门窗，以免被强风吹开。若玻璃松动或有裂缝，最好贴上胶带，风雨较强时不要在玻璃门、玻璃窗附近逗留。为了防止雷击，最好切断各类电器的电源。

测测你的安全知识

台风来袭时，怎么躲避危险？

Ⓐ 待在室内

Ⓑ 外出活动

安全意识指数：A.★★★　　B.☆☆☆

08. 遇到海啸怎么办

● 危险经历

暑假，小光跟随父母去海边旅游，没想到遇到了海啸。海啸来临之前，小光正在海滩上玩耍，妈妈发现海面上出现不少气泡，爸爸觉得有些地震的感觉，一家三口商量

后决定，赶紧撤离。就在离开海滩的几分钟后，他们远远看到巨大的海浪袭向岸边，几米高的海浪扑向岸边的人群，现场一片混乱，海滩上的物品都被卷进了海里，有些人也被掀翻在海岸边。小光看到这一切不由得想，如果他没有和父母早早撤离，会发生什么事呢？

● 安全预防小办法

1. 认真学习自然灾害逃生知识，有条件的话参加一些逃生训练。

2. 海啸发生之前一般会有地面震动，如果感觉到地震，应该第一时间撤离海岸或河岸。

3. 留心观察水面，发现异常涨落、海面显著下降或升高、有巨浪袭来，或者看到海面出现一道长长的明亮的水墙，船只突然剧烈地上下颠簸，或者听到异常的隆隆声，必须以最快速度撤离到离海边较远、地势较高的地方。

4. 在发生过海啸的地区，最好准备救生衣和救生圈，这样即使被水淹没也容易获救。

5. 住在沿海地区的人，家中提前准备好一个急救包，里面应备有足够3天用的急救药物、饮用水和食物等。

● 这样做很危险

海水退去，到海滩上玩

当我们在海边游玩时，海水退去会露出大面积沙滩，有时深海鱼虾等许多海洋动物会留在浅滩。如果我们兴高采烈地前去捡鱼虾或看热闹，可能会遭遇危险。因为这些现象可能是海啸来临的前兆，一时大意会丧失逃生的宝贵时机。为了稳妥起见，不论是海啸发生前还是发生后，我们都应尽量不去海滩，尤其是在海水异常的情况下，因为我们无法确定海啸是否会来临。

● 安全小备注

一旦收到海啸警报，即使没有感觉到震动也要立即离开海滩，如果感觉到震动更要抓紧时间远离海滩，快速转移到高处避难，不要跑向低洼地区，如同大海相邻的江河附近、海边低矮的房屋等。如果身处公共场合，应听从管理人员或救灾部门的指示行动。在没有确定安全的情况下，千万不要靠近海边，更不要抱着看海啸的好奇心理在海边逗留，避免危险来临时无法逃脱。

如果在海啸中不幸落水，要尽量寻找并抓住漂浮物，如果没有也不要乱挣扎，更不要游泳，尽量浮在水面避免下沉。即使口渴也不要喝海水。

测测你的安全知识

遇到海啸应该怎么办？

Ⓐ 快速转移至高处避难

Ⓑ 快速转移到低处避难

安全意识指数：A. ★★★　　B. ☆☆☆

09.龙卷风来了怎么办

● 危险经历

　　一个周末，德宇随妈妈一起去美国的印第安纳州看爸爸。那天下午，一家三口乘坐汽车出去游玩，路上突然遇到一场龙卷风，狂风卷着各种东西砸在车上，偶尔听到玻璃破碎的声音，德宇觉得十分害怕。接着汽车摇晃起来，每一个乘客看上去都有点儿紧张。这时德宇才发现，汽车遇到龙卷风时，没有多大防御能力。汽车司机为了安全起见，将车开到一个低洼的地方避风。让乘客下车趴在地上，用双手护住头部，等待龙卷风刮过。

● 安全预防小办法

　　1.乘坐汽车时遇到龙卷风，尽量不要留在车内，最好下车躲避。

　　2.在野外遇到龙卷风，逃跑时不要选择龙卷风行进的方向，要朝龙卷风行进方向的垂直方向逃跑；若躲避，最好寻找低洼处趴下，用双手保护好头部，远离大树、电线杆、危房、桥梁等。

　　3.在龙卷风来临之前，要绑牢有可能被风吹起的物体，如晒衣杆、晾晒的衣服、窗台上的花盆等。

4. 龙卷风来临时，应该躲避在家里安全的地方。例如，底层的小房间或地下室，远离门窗和外围的墙壁。最好用厚外衣或毛毯将自己裹起来，然后抱头蹲下。

5. 龙卷风袭来时，如果没有低洼地或其他牢固屏障，最好伏于地面。

● 这样做很危险

龙卷风来了关紧窗户

起龙卷风时，许多人会习惯性地关闭窗户，但如果这样的话，不结实的屋顶可能会被龙卷风掀掉，墙壁可能会被龙卷风吹倒。反之，如果我们打开屋里的几扇窗户，使屋内各房间的气流通畅，可以有效平衡屋内屋外的压力，减少危险发生的概率。不过，不能将屋里的窗户全部打开，否则我们将失去房屋这个牢固的屏障。

● 安全小备注

在户外遭遇龙卷风时，应寻找地洞或坚固的混凝土建筑物用以藏身隐蔽。茅屋、小木屋、土屋、石屋等绝对不是理想的庇身之所。最安全的地方是地下的空间或场所，如地铁或地下室，地面上的所有建筑物都不是最安全的躲避场所。不论身处什么样的场所，龙卷风路过时都要闭上嘴和眼睛，用双臂保护好头部。

测测你的安全知识

龙卷风来了该怎么办？

Ⓐ 躲在汽车里

Ⓑ 寻找低洼处趴下

安全意识指数：A.☆☆☆　B.★★★

10.洪水来临前的准备工作

● 危险经历

　　洪水突然暴发，大水涌向沙莎所在的中学。不到1小时，学校就处于一片汪洋中。老师组织学生向教学楼的高层转移，沙莎所在班级本来在二层，现在被转移到四层。午餐是学校食堂运送过来的。下午洪水还是没有消退的迹象。到了晚上，沙莎和同学才知道受洪水影响，食堂也没有多少吃的了，临时送进来的食物只有方便面和矿泉水，而且数量远远不够，老师们和同学们只能4个人分1袋方便面，2个人分1瓶水。还没到睡觉的时间，沙莎已经饿得头晕眼花了，这样又饿又冷的晚上怎么度过呢？

● 安全预防小办法

　　1. 洪水来临前要提前选好转移的最佳路线和避难的理想地点，牢记路标和标志物。

　　2. 准备好足够的饮用水，以及罐装果汁和保质期长的食品。

　　3. 提前准备好通信联络工具，如手机、手电筒、蜡烛、打火机、颜色鲜艳的衣物和哨子等。

　　4. 根据季节准备好保暖衣物，以及防水的衣服和鞋。

　　5. 准备一些救生的物品，如体积大的空塑料桶、空木酒桶等，留意周围可以漂浮的东西。

6.关注有关雨情、水情、汛情预报信息，对洪水来临的时机和情况有个基本判断。

● 这样做很危险

遇到洪水，游泳逃生

许多没有经历过洪水的人认为，只要会游泳，遇到洪水就没有什么危险。其实不然，自然水域及游泳池的水和洪水大不相同，想在洪水中辨认方向是不可能的，大多数人就算会游泳也找不到方向。洪水水流急、水色浑，水中夹杂着很多被冲毁的物品，因此在洪水中游泳可能会发生碰撞、划破、擦伤等问题，是非常危险的做法。

● 安全小备注

为了躲避洪水，最好选择在高处避难。一般选择距家最近、地势较高、交通较为方便的地方，如基础牢固的屋顶和平坦楼顶、附近的大树等。如果学校、医院、公园的地势较高，也可以作为安全的避难所。如果发现避难场所不再安全，我们应果断地离开。如果来不及撤退转移，应尽量利用沙袋、石堆、木头等材料堵住房屋门槛的缝隙，这样可以减少洪水的入侵。

测测你的安全知识

洪水来临之前，我们应提前做好哪些准备？

Ⓐ 选好转移的路线和地点

Ⓑ 准备好足够的饮用水和食品

Ⓒ 准备好救生的物品

安全意识指数：A.★★★   B.★★★   C.★★★

11.洪水中脱险需注意的问题

● 危险经历

端午节快到了，小峥约了小朝、小强两个好朋友一同去野外采艾草。由于前两天下了场暴雨，引发了洪水，水流都快漫过桥面了。小峥胆子大，三步两步就越过了桥。小朝有点儿害怕，走到一半的时候，脚下一滑掉到了桥下，在洪水的冲击下小朝感觉头脑一片空白，幸好没冲多远，他就用手抓住了岸边的竹子。小峥想找根长木棍把小朝拉上来，小强则连忙跑到附近的村子找人求救。最后，在村民的帮助下，小朝终于被救了上来。

● 安全预防小办法

1.被洪水冲走或落入洪水中时，一定要保持镇定，尽可能抓住固定的东西或水中漂流的木板、箱子等物。

2.当洪水较急且水深不可测时，不能单人过河。如果确定水深不过膝，可以几个人手拉手过河。为了防止被水冲散，行进方向最好与水流方向斜交叉。

3.遇到险情时，如果不能自救就原地待援，通过晃动衣服或大声呼救等方式发出求救信号。

4.千万不要攀爬带电的电线杆和铁塔，尤其不能手抓电线断头，防止发生意外触电。

　　5. 不牢固或不稳固的地方或东西不能作为自救的场所或工具。

● 这样做很危险

饿了可以吃被洪水冲过的食物

　　被洪水冲过的食物已经受潮，容易霉变和被污染，一旦吃了会对身体不利。洪水中含有会使我们得病的细菌和化学物质。当我们在洪水过后返回家里的时候，留在家中的一些食物已经不能吃了，尤其是那些存放在冰箱或冰柜里的食物。饮用水要从安全的水源处获取，不确定的情况下最好喝瓶装水。千万不要喝有怪味、不清澈的水。密封包装的食物和药品，如果不确定包装是否坏损，尽量不要食用或服用。

● 安全小备注

　　在野外遭遇洪水，涉水越过河流或溪流是非常危险的。所以，首先，我们要找找看，是否有桥可以通过。如果有，则要观察桥是否安全，然后再决定是否通过。如果没有桥，需要涉水过去，先要看看什么地方狭窄、什么地方较为宽广，狭窄之处通过的前提是一步左右的距离，两岸坚实牢固；宽广之处通过的条件是水不深，没有没过我们的膝盖。必要的情况下，我们可以用竹竿或木棍测测水深、量量水宽。

测测你的安全知识

在洪水中，我们怎样自救？

Ⓐ 尽可能抓住固定的东西或水中漂浮之物

Ⓑ 通过晃动衣服或大声呼救等方法求救

Ⓒ 用竹竿或木棍先测测水深、量量水宽，再决定是否能通过河流

安全意识指数：A.★★★　　B.★★★　　C.★★★

12.面对沙尘暴做好防尘准备

● 危险经历

　　傍晚时分，狂风大作，夹杂着大量沙粒和黄土的沙尘暴刮得铺天盖地。丹亚不顾沙尘暴天气，拿起滑板出去玩。走在街上，空气中弥漫着呛人的土腥味儿，丹亚没戴口罩，只好用手掩着口鼻。来到公园，丹亚娴熟地上了滑板，扭动着身体开始滑行。突然，一阵强风迎面扑来，丹亚的嘴里和眼睛里都进了沙子，还没睁开眼，她就掉进了旁边的沟里，来了个"驴啃地"。丹亚带着疼痛回到家，脱下衣服抖出一层沙子，赶忙走到厨房去洗眼睛。

● 安全预防小办法

　　1.听到沙尘暴的天气预报时，应尽量减少外出机会，暂停户外活动。

　　2.外出时要戴口罩或面罩、蒙纱巾、戴风镜，佩戴好帽子、手套，穿好鞋袜，做好防尘准备。

　　3.在家要关好门窗，可对门窗进行密封。

　　4.通过开加湿器、洒水、用湿墩布拖地等方式保持室内湿度。

5. 必要时，口含润喉片可保持咽喉凉爽舒适，滴润眼液可防止眼睛干燥，鼻孔周围抹上甘油可保持湿润。

6. 外出回家后要及时清洗手和面部，用清水漱漱口，清理一下鼻腔。

7. 多喝水，多吃水果，吃清淡食物，不要购买街头露天的食品。

● 这样做很危险

遇到沙尘暴，躲在沙丘后面

在沙漠或戈壁旅游时，有时候我们会遇到沙尘暴。一看到高高的沙丘，许多人第一反应是跑到沙丘后面躲避，其实这是非常危险的做法，因为我们可能会被沙尘暴埋住或发生窒息的危险。所以，在沙漠中遇见沙尘暴，千万不要到沙丘背风坡躲避，我们应该在沙尘暴来临之前停止前进，记住行进方向，背向风暴或伏在地上。如果身边有骆驼，将它牵到迎风坡，然后躲在骆驼身后。

● 安全小备注

面对沙尘暴，做好自身防护很重要。如果患有呼吸道疾病，在强沙尘暴天气下不宜出门。如果在室外，尽量避免骑自行车，可以到墙体或高大建筑物后躲避风沙。外出回来后应该洗脸或洗澡，及时去除堵塞毛孔的尘土，及时更换衣服。如果房间内落满灰尘，要用湿抹布擦拭清理干净，避免将灰尘吸入呼吸道。

测测你的安全知识

如果遇到沙尘暴天气，我们应该怎么做？

Ⓐ 骑自行车外出

Ⓑ 外出回来洗手、脸、鼻

安全意识指数：A.☆☆☆　B.★★★

13.雾霾天暂停体育锻炼

● 危险经历

　　体育一直是平平的弱项，为了不让体育成绩拖后腿，好强的她每天坚持跑步，风雨无阻。最近几天雾霾非常严重，父母劝她暂停跑步，可她就是不听，结果不久就开始出现嗓子疼、咳嗽等症状，后来咳嗽越来越严重，还引起高热，平平不得不在医院输了几天液才有所好转。

● 安全预防小办法

　　1.雾霾天应减少出门，外出时一定要戴上专业防雾霾的口罩，过滤空气中的有害物质。

　　2.雾霾天尽量少开窗，等太阳出来后再打开窗户的一条缝进行通风，通风时间为半小时至1小时。

　　3.在室内时，偶尔用加湿器增加空气的湿度，从而减少空气中的悬浮物。

　　4.日常饮食中，多食用一些清肺化痰的蔬果，如梨、枇杷、橙子、橘子等，帮助排出体内的废物。

　　5.定期用适量的生理盐水对鼻腔进行清洁，防止细菌滋生。

● 这样做很危险

雾霾天继续进行户外体育活动

当体育锻炼成为一种习惯时，许多人往往忽视天气的变化，雾霾天气下继续进行体育活动的人不在少数，但是这样做不但对健康无益，反而有害。据专家分析，人体在剧烈运动时，肺里吸进的气体比平常多，雾霾天污染较重，户外运动更容易吸进有害物质，如 $PM_{2.5}$ 等。这些有害的颗粒物质直接进入肺部到达更深的地方，对身体的损害较大。

● 安全小备注

雾霾天应选择的专业防雾霾口罩。目前市面上的N95口罩对0.3微米以上的颗粒的过滤效率能达到95%。买口罩时，挑选与自己脸型匹配的型号能够最大限度地贴紧皮肤，防雾霾效果最好。口罩用完后对折收起来，避免口罩内滋生细菌。我们戴上口罩后，如果感到呼吸困难或缺氧，应该暂时摘下或咨询专业医生。

测测你的安全知识

遇到雾霾天气，我们应该怎样做？

Ⓐ 继续进行户外体育锻炼

Ⓑ 出门戴上专业防雾霾的口罩

安全意识指数： A.☆☆☆　　B.★★★

14.雷电天气 提防雷击

● 危险经历

一天晚上，小舒和爸爸妈妈在家边看电视边吃饭。突然，窗外几声惊雷把一家人吓了一跳，没多久大雨就伴着电闪雷鸣下了起来。爸爸突然想到电瓶车还停在楼下没有推上来，赶紧穿上雨衣下楼推车。妈妈一边把放在阳台上的花搬回屋，一边吩咐小舒把阳台上的衣服收回来。电闪雷鸣中，阳台上的小舒突然失去意识、晕倒在地、口吐白沫。经过抢救，小舒才恢复神志，医生初步判断昏倒原因是雷击。

● 安全预防小办法

1. 如果雷电交加时头发竖起，皮肤有轻微的刺痛，就像蚂蚁在上面爬行，应立即下蹲，把手放在膝盖上，身体蜷成一团。此时，千万不要平躺在地上，手不要直接接触地面。

2. 雷雨天尽量减少户外活动，不要在楼顶、山顶、山脊等高处停留，不要躲在棚屋、岗亭等没有防雷设施的地方。

3. 雷电天气时，千万不能在大树下避雨，要远离电线或电气设备。

4. 雷电天气时，身上最好不要佩戴金属饰品，更不要用手去触摸金属制品，防止被雷电击中。

5.雷电天气时，尽量不要使用电视、电脑、电吹风、手机等电子电器设备，应切断电源插头。

● 这样做很危险

雷电天气时洗澡

雷电交加时，如果使用放置在屋顶的太阳能热水器淋浴，雷电有可能通过金属管，沿着水流进入浴室，袭击正在洗澡的人。雷电还可能经过各种金属管道，如煤气管道、自来水管道、暖气管道等，将电流引进室内。预防雷电需牢记关键的两点：一是远离可能被雷击的东西和地方，二是一定不要使自己成为雷电的目标。

● 安全小备注

● 在户外不要快速行走和奔跑，因为步子大了，通过身体的跨步电压较大，会导致触电。

● 尽量不打雨伞，更不要把金属物（如羽毛球拍等）带在身上，应远离铁路轨道和烟囱等。

● 不要去湖泊、河海等处钓鱼、划船、游泳或参加其他水上运动，避免被雷击中。

● 如果有汽车，最好躲在车里，头、手不要伸出窗外。

测测你的安全知识

遇到雷电天气，我们应该怎样做？

A 身上不要佩戴金属饰品或携带金属制品

B 快速行走和奔跑

安全意识指数：A. ★★★　B. ☆☆☆